机电一体化系统及其应用

（工业机器人方向）

主　编　赵俊英　王青云　温国强

副主编　刘志东　段婷婷

天津大学出版社

TIANJIN UNIVERSITY PRESS

图书在版编目(CIP)数据

机电一体化系统及其应用：工业机器人方向 / 赵俊英, 王青云, 温国强主编. -- 天津 : 天津大学出版社, 2021.6（2025.1重印）

"一流应用技术大学"建设系列规划教材

ISBN 978-7-5618-6958-1

Ⅰ. ①机… Ⅱ. ①赵… ②王… ③温… Ⅲ. ①机电一体化－高等学校－教材 Ⅳ. ①TH-39

中国版本图书馆CIP数据核字(2021)第115966号

出版发行	天津大学出版社	
地　　址	天津市卫津路92号天津大学内(邮编:300072)	
电　　话	发行部:022-27403647	
网　　址	www.tjupress.com.cn	
印　　刷	北京虎彩文化传播有限公司	
经　　销	全国各地新华书店	
开　　本	185mm×260mm	
印　　张	13.25	
字　　数	360千	
版　　次	2021年6月第1版	
印　　次	2025年1月第2次	
定　　价	42.00元	

前　言

　　"机电一体化"作为一个多技术交叉学科,是机械工业的重要发展方向。机电一体化涉及机械技术、驱动技术、电子技术、信息技术等多种科学技术,但机电一体化并不是这些技术的简单组合,而是这些技术相互取长补短、有机结合,以实现机电一体化系统构成和性能的最优化。随着各领域科学技术的飞速发展,机电一体化所涉及的各种技术的相互交叉、相互渗透越来越明显。机电一体化的应用领域也越来越广泛,已扩展到各个行业。

　　工业机器人是典型的机电一体化系统,其在工业生产中起着非常重要的作用。本书以工业机器人为载体,介绍机电一体化系统设计与控制过程,机电一体化的基本原理及方法,以及机电一体化所涉及的几项核心技术,包括机械技术、传感与检测技术、控制器技术、信息与通信技术等。

　　在内容的安排上,全书分6章阐述。第1章为概论;第2章介绍机械结构系统,包括机械传动部件,轴系支承部件,导轨、支承件的设计与选择等;第3章介绍驱动系统,讨论了电动机的选择,并分别介绍了步进电动机、直流伺服电动机、交流伺服电动机、直线电动机、压电驱动器、电液伺服驱动系统的工作原理及控制方法;第4章介绍了传感与检测系统,包括机电一体化系统常用的传感器、传感检测系统的设计方法、传感器与计算机的接口技术及传感器系统的应用案例;第5章介绍了控制系统,包括控制的基本概念、计算机控制技术、基于可编程控制器(PLC)的控制系统等;第6、7、8章为机电一体化系统案例分析部分,通过具体实例对机电一体化系统设计方法进行综合,以达到学以致用的目的,其中第6章分析了多轴工业机器人系统,第7章分析了自动导引车(AGV)移动机器人系统,第8章分析了智能仓储系统。

　　全书由赵俊英主持编写和负责统稿,参加本书编写工作的有王青云、温国强、刘志东、段婷婷等。编者在编写本书过程中参考和引用了许多前人的优秀教材与研究成果,在此向本书所参考和引用文献的编著者表示最诚挚的敬意和感谢!

　　鉴于编者的知识水平有限和经验不足,书中的错误、疏漏等不足之处难免,恳请读者和专家批评指正。

编　者
2021 年 7 月

目　　录

第1章 概论

1.1 机电一体化基本概念

机电一体化又称机械电子学,英文名为 Mechatronics,它是由英文 Mechanics(机械学)的前半部分与 Electronics(电子学)的后半部分组合而成的。机电一体化的概念起源于日本《机械设计》杂志的副刊(1971 年),它所给出的解释是"机电一体化是在机械主功能、动力功能、信息功能和控制功能上引进微电子技术,并将机械装置与电子装置用相关软件有机结合而构成的系统的总称",因此其字面上表示机械学和电子学两个学科的综合,但是机电一体化并不是机械技术和电子技术的简单组合或者拼凑,而是有着自身体系的新型学科。

到目前为止,就机电一体化这一概念的内涵,国内外学术界还没有一个完全统一的表述。一般认为,机电一体化是以机械学、电子学和信息科学为主的多门技术学科在机电产品发展过程中相互交叉、相互渗透而形成的一门新兴边缘性技术学科。这里面包含了三重含义。首先,机电一体化是机械学、电子学与信息科学等学科相互融合而形成的学科。其次,机电一体化是一个发展中的概念,早期的机电一体化就像其字面所表述的那样,主要强调机械与电子的结合,即将电子技术"融入"机械技术中而形成新的技术与产品。机电一体化系统与传统机械系统、电气化机械系统和一般电子产品不同。后者的主要支撑技术是机械技术、电工技术,主要功能是代替或放大人的体力。但是,机电一体化系统除了用电子装置代替机械部件并实现功能外,还能够赋予产品新的功能,如自动监测、自动处理信息、自动调节与控制、自动诊断与保护、自动显示等,已不仅仅是将人的体力放大,还是人的肢体、感官与大脑的延伸,具有"智能化"的特征,这是机电一体化系统与电气化机械系统在功能上的根本区别。随着机电一体化技术的发展,以计算机技术、通信技术和控制技术为特征的信息技术"渗透"到机械技术中,丰富了机电一体化的含义,现代的机电一体化不仅仅指机械、电子与信息技术的结合,还包括光(光学)机电一体化、机电气(气压)一体化、机电液(液压)一体化、机电仪(仪器仪表)一体化等。最后,机电一体化表达了技术之间相互结合的学术思想,强调各种技术在机电系统中的相互协调,以达到系统总体性能最优。换句话说,机电一体化是多种技术学科有机结合的产物,而不是它们的简单叠加。

现实生活中的机电一体化产品比比皆是。我们日常生活中使用的全自动洗衣机、空调及全自动照相机等,都是典型的机电一体化产品;在机械制造领域中广泛使用的各种数控机床、工业机器人、三坐标测量仪及全自动仓储设备等,也都是典型的机电一体化产品;而工业机器人更是机电一体化技术成功应用的典范,它使现代装备制造业的工作效率及自动化、智能化程度得到了很大的提升,也使安全性及环保性能得到了很大的改善。工业机器人系统一般由机械部分、传感部分、控制部分三大部分组成。这三大部分又可分为六个子系统。机械部分包括驱动子系统、机械结构子系统;传感部分包括感受子系统、机器人 – 环境交互子系统;控制部分包括控制子系统、人机交互子系统。如果用人来比喻机器人的话,那么控制系统相当于人的大脑,感知系统相当于人的视觉与感觉器官,驱动系统相当于人的肌肉,机械结构系统相当于人的身躯和四肢。整个机器人功能的实现,是通过各个子系统协同工作,共同实现的。在农业工程领域,机电一体化技术也在一定范围内得到了应用,如拖拉机的自动驾驶系统、悬挂式农具的自动调节系统、联合收割机工作部件(如脱粒清选装置)的监控系统、温室环境自动控制系统等。

与其他科学技术一样,机电一体化技术的发展也经历了一个较长的过程。有学者将这一过程划分为萌芽阶段、快速发展阶段和智能化阶段三个阶段,这种划分方法较为客观地反映了机电一体化技术的发展历程。

萌芽阶段指 20 世纪 70 年代以前的时期。在这一时期,尽管机电一体化的概念还没有正式提出来,但人们在机械产品的设计与制造过程中,总是自觉或不自觉地应用电子技术的初步成果来改善机械产品的性能。特别是在第二次世界大战期间,战争刺激了机械产品与电子技术的结合,出现了许多性能优良的军事用途的机电产品。这些机电结合的军用技术在战后转为民用,对战后经济的恢复和技术的进步起到了积极的作用。

"快速发展阶段",指 20 世纪 70 年代到 80 年代这段时期。在这一时期,人们自觉地、主动地利用 3C(CAD/CAPP/CAM,即计算机辅助设计、计算机辅助工艺过程设计和计算机辅助制造)技术的成果,创造新的机电一体化产品。日本政府要求企业"应特别注意促进为机械配备电子计算机和其他电子设备,从而实现控制的自动化和机械产品的其他功能"。经过多年的努力,该举措取得了巨大的成就,推动了日本经济的快速发展。西方发达国家对机电一体化技术的发展也给予了极大的重视,纷纷制定了有关的发展战略、政策和法规。我国机电一体化技术的发展也始于这一阶段,从 20 世纪 80 年代开始,原国家科委和原机械电子工业部,分别组织专家根据我国国情对发展机电一体化的原则、目标、层次和途径等,进行了深入而广泛的研究,制定了一系列有利于机电一体化发展的政策和法规,确定了数控机床、工业自动化控制仪表、工业机器人、汽车电子化等 15 个优先发展领域及 6 项共性关键技术的研究方向和课题。

智能化阶段自 20 世纪 90 年代开始。在这一阶段,机电一体化技术向智能化方向迈进,其主要标志是将模糊逻辑、人工神经网络和光纤通信等领域的研究成果应用到机电一体化技术中。模糊逻辑与人的思维过程类似,用模糊逻辑工具编写的模糊控制软件与微处理器构成的模糊控制器,广泛地应用于机电一体化产品中,进一步提高了产品的性能。例如,采用模糊逻辑的自动变速箱控制器,可使汽车的换挡逻辑与司机的感觉相适应,用发动机的噪声、道路的坡度、速度和加速度等作为输入量,控制器可以根据这些输入数据给出最佳的换挡方案。除了模糊逻辑理论外,人工神经网络(Artificial Neural Network,ANN)也开始应用于机电一体化系统中。可以说,智能化将是机电一体化技术发展的突出方向。

1.2　机电一体化系统的基本构成

　　传统的机械系统一般由动力源、传动机构和工作机构等组成。机电一体化系统是在传统机械系统的基础上发展起来的,是机械与电子技术、信息技术结合的产物,它除了包含传统机械系统的组成部分以外,还含有与电子技术和信息技术相关的组成要素。一般而言,一个较完善的机电一体化系统包括以下几个基本要素:机械本体、检测传感部分、电子控制单元、执行器和动力源,各要素之间通过接口相联系,如图 1-1 所示。

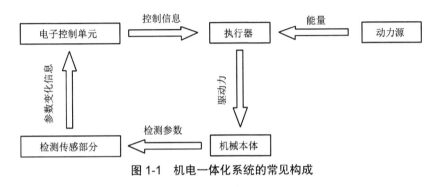

图 1-1　机电一体化系统的常见构成

1. 机械本体

　　机械本体包括机架、机械连接、机械传动等。所有的机电一体化系统都含有机械部分,它是机电一体化系统的基础,起着支撑系统中其他功能单元、传递运动和动力的作用。与单纯的机械系统相比,机电一体化系统的技术性能得到提高、功能得到增强。这就要求机械本体在机械结构、材料、加工工艺以及几何尺寸等方面能够与之相适应,具有高效、多功能、可靠、节能、小型化、轻量化、美观等特点。

2. 检测传感部分

　　检测传感部分包括各种传感器及其信号检测电路,其作用是监测机电一体化系统工作过程中本身和外界环境有关参量的变化,并将信息传递给电子控制单元,电子控制单元根据检测到的信息向执行器发出相应的控制指令。机电一体化系统要求传感器的精度、灵敏度、响应速度和信噪比高;漂移小、稳定性高、可靠性好;不易受被测对象特征(如电阻、磁导率等)的影响;抵抗恶劣环境条件(如油污、高温、泥浆等)影响的能力强;体积小、质量轻、对整机的适应性好;不受高频干扰和强磁场等外部环境的影响;操作性能好,现场维修处理简单;价格低廉。

3. 电子控制单元

　　电子控制单元(Electrical Control Unit,ECU)是机电一体化系统的核心,负责将来自各传感器的检测信号和外部输入命令进行集中、存储、计算、分析,根据信息处理结果,按照一定的程序和节奏发出相应的指令,控制整个系统有目的地运行。电子控制单元由硬件和软件组成,系统硬件一般由计算机、可编程控制器(Programmable Logic Controller,PLC)、数控装置以及逻辑电路、模数(Analog/Digital，A/D)与数模(D/A)转换、输入/输出(In/Out，I/O)接口和计算机外部设备等组成；系统软件为固化在计算机存储器内的信息处理和控制程序，其是根据系统正常工作的要求编写的。机电一体化系统对ECU的基本要求：信息处理速度快，可靠性高，抗干扰能力强以及系统自诊断功能完善，实现信息处理智能化和小型化、轻量化、标准化等。

4. 执行器

执行器是根据ECU的指令驱动机械部件进行运动，以完成特定的功能。执行器是运动部件，通常采用电力驱动、气压驱动或液压驱动等几种方式。机电一体化系统，一方面要求执行器效率高、响应速度快，同时要求其对水、油、温度、尘埃等外部环境的适应性好，且可靠性高。由于几何尺寸上的限制，设计执行器时不仅要考虑其动作范围的制约，还需考虑维修方便性和标准化。由于电工电子技术的高速发展，高性能步进、直流或交流伺服电动机已大量应用于机电一体化系统的执行器。

5. 动力源

动力源是机电一体化系统的能量供应部分。其作用是按照系统控制要求向机械本体提供能量和动力，使系统正常运行。动力源所提供的能量种类包括电能、气能和液压能等，其中大多以电能为主。除了要求可靠性好以外，机电一体化系统还要求动力源的效率高，即用尽可能小的动力输入获得尽可能大的功率输出。

机电一体化系统的五个基本组成要素之间并非彼此无关或简单拼凑、叠加。在工作中，它们各司其职，互相补充、互相协调，共同实现系统所需的功能。机电一体化系统的一个完整的工作周期：在机械本体的支持下，由传感器检测系统的运行状态及环境变化，并将信息反馈给电子控制单元；电子控制单元对各种信息进行处理，并按要求控制执行器的运动；执行器的能源需求则由动力源提供。在结构上，各组成要素通过各种接口及相关软件有机地结合在一起，构成一个内部合理匹配、外部效能最佳的完整系统。

例如，我们日常使用的全自动照相机就是典型的机电一体化产品，其内部装有测光、测距传感器，测得的信号由微处理器进行处理并根据处理结果控制微型电动机，微型电动机负责驱动快门、变焦等机构，从测光、测距、调光、调焦、曝光到闪光及其他附件的控制，都实现了自动化。

又如，汽车上广泛应用的发动机燃油喷射控制系统也是典型的机电一体化系统。其中，分布在发动机上的空气流量计、水温传感器、节气门位置传感器、曲轴位置传感器、进气歧管绝对压力传感器、爆燃传感器、氧传感器等，连续不断地检测发动机的工作状况和燃油在燃烧室内的燃烧情况，并将信号传给ECU，ECU首先根据进气歧管绝对压力传感器或空气流量计的进气量信号及发动机转速信号计算基本喷油时间，然后根据发动机的水温、节气门开度等工作参数信号对其进行修正，确定当前工况下的最佳喷油持续时间，从而控制发动机的空燃比。此外，根据发动机的要求，ECU还具有控制发动机的点火时间、怠速转速、废气再循环率、故障自诊断等功能。

1.3 机电一体化系统的关键技术

机电一体化是在传统技术的基础上由多种技术学科相互交叉、渗透而形成的一门综合性、边缘性技术学科,所涉及的技术领域非常广泛。要深入进行机电一体化研究及产品开发,就必须了解并掌握这些技术。概括而言,机电一体化共性关键技术主要包括检测传感技术、信息处理技术、自动控制技术、伺服驱动技术、机械技术和系统总体技术。

1. 检测传感技术

检测传感技术指与传感器及其信号检测装置相关的技术。在机电一体化系统中,传感器就像人体的感觉器官一样,将各种内、外部信息通过相应的信号检测装置感知,并反馈给控制及信息处理装置。因此,检测与传感是实现自动控制的关键环节。机电一体化系统要求传感器能快速、精确地获取信息,并经受各种严酷环境的考验。但是,由于目前检测传感技术还不能与机电一体化的发展需求相适应,使得不少机电一体化系统还不能达到满意的效果或无法实现可靠的设计。因此,大力开展检测传感技术的研究,对发展机电一体化具有十分重要的意义。

2. 信息处理技术

信息处理技术包括信息的交换、存取、运算、判断和决策技术等。实现信息处理的主要工具是计算机,因此计算机技术与信息处理技术是密切相关的。计算机技术包括计算机硬件技术和计算机软件技术、网络与通信技术、数据库技术等。在机电一体化系统中,计算机与信息处理装置指挥整个产品的运行。信息处理是否正确、及时,直接影响到系统的工作质量和效率。因此,计算机技术及信息处理技术已成为促进机电一体化技术和产品发展的最活跃因素。人工智能、专家系统、神经网络技术等,都属于信息处理技术。

3. 自动控制技术

自动控制技术的范围很广,包括自动控制理论、控制系统设计、系统仿真、现场调试、可靠运行等,涉及从理论到实践的整个过程。由于被控对象种类繁多,所以自动控制技术的内容极其丰富,包括高精度定位控制、速度控制、自适应控制、自诊断、校正、补偿、示教再现、检索等。自动控制技术的难点在于自动控制理论的工程化与实用化,这是由于现实世界中的被控对象往往与理论上的控制模型之间存在差距,使得从控制设计到控制实施往往要经过多次反复调试与修改,才能获得比较满意的结果。由于微型机的广泛应用,自动控制技术越来越多地与计算机技术联系在一起,成为机电一体化系统中十分重要的关键技术。

4. 伺服驱动技术

伺服驱动技术的主要研究对象是执行元件及其驱动装置。执行元件有电动、气动、液动等多种类型。在机电一体化系统中,大多采用电动式执行元件,其一方面通过电气接口向上与微型机相连,以接收微型机的控制指令;另一方面又通过机械接口向下与机械传动和执行机构相连,以实现规定的动作。因此,伺服驱动技术是直接执行操作的技术,对机电一体化系统的动态性能、稳态精度、控制质量等具有决定性的影响。常见的伺服驱动部件有电液马达、脉冲液压缸、步进电机、直流伺服电机和交流伺服电机等。由于变频技术的进步,交流伺服驱动技术取得了突破性的进展,为机电一体化系统提供了高质量的伺服驱动单元,极大地促进了机电一体化技术的发展。

5. 机械技术

机械技术是机电一体化的基础。机电一体化系统中的主功能和构造功能,往往是以机械技术为基础得以实现的。在机械与电子相互结合的实践中,不断对机械技术提出更高的要求,使现代机械技术相对于传统机械技术而言发生了很大变化。新机构、新原理、新材料、新工艺等不断出现,以及现代设计方法的不断发展和完善,使机电一体化系统在减轻质量、缩小体积、提高精度和刚度等方面得到了快速发展。

在用于制造过程的机电一体化系统中,经典的机械制造理论与工艺借助于计算机辅助技术得以提升。而通过融合人工智能与专家系统等,将形成新一代的机械制造技术。但在这里,原有的机械技术仍以知识和技能的形式存在,因为其是任何其他技术替代不了的。例如,计算机辅助工艺过程设计(Computer Aided Process Planning, CAPP)是目前计算机辅助设计(Computer Aided Design, CAD)和计算机辅助制造(Computer Aided Manufacturing, CAM)系统研究的瓶颈,其关键问题在于如何将广泛存在于各行业技术人员中的标准、习惯和经验进行表达和陈述,从而实现计算机的自动工艺设计与管理。

6. 系统总体技术

系统总体技术是一种从整体目标出发,用系统工程的观点和方法将系统总体分解成相互有机联系的若干功能单元,并以功能单元为子系统继续分解,直至找到可实现的技术方案,然后再把功能和技术方案组合成方案组进行分析、评价和优选的综合应用技术。系统总体技术所包含的内容很多,接口技术是其重要内容之一,机电一体化系统的各功能单元通过接口连接成一个有机的整体。接口包括电气接口、机械接口、人机接口等。电气接口实现系统间电信号的连接;机械接口则完成机械与机械部分、机械与电气装置部分的连接;人机接口提供了人与系统间的交互界面。系统总体技术是最能体现机电一体化设计特点的技术,其原理和方法还在不断地发展和完善。

1.4　机电一体化技术的发展方向

机电一体化技术是机械、微电子、自动控制、计算机、信息处理等多学科的交叉融合,其发展和进步有赖于相关技术的进步和发展,其主要发展方向有数字化、智能化、模块化、网络化、人性化、微型化、集成化、带源化和绿色化。

1. 数字化

微处理器和微控制器的发展奠定了机电一体化系统数字化的基础,如不断发展的数控机床和机器人;计算机网络的迅速崛起,为数字化设计与制造铺平了道路,如虚拟设计、计算机集成制造等。数字化要求机电一体化系统的软件具有高可靠性、易操作性和维护性、自诊断能力以及友好的人机界面。数字化的实现将便于远程操作、诊断和修复,产品的虚拟设计与制造,这将大大提高设计制造的效率,节省开发费用等。

2. 智能化

智能化即要求机电一体化系统有一定的智能,使它具有类似人的逻辑思考、判断推理、自主决策等能力。例如,在机器人系统中增加人机对话功能,设置智能 I/O 接口和智能工艺数据库等,可以给使用、操作和维护带来极大的方便。模糊控制、神经网络、灰色理论、小波理论、混沌与分岔等智能化技术的进步,为机电一体化技术的发展开辟了广阔天地。

3. 模块化

由于机电一体化产品的种类和生产厂家繁多,研制和开发具有标准机械接口、动力接口、环境接口和信息接口的机电一体化商品单元模块是一件复杂且有前途的事情,如研制减速器、变频调速器、电动机一体的动力驱动单元和具有视觉图像处理、识别等功能的机电一体化控制单元等。这样,在产品开发设计时,可以利用这些标准化模块迅速开发出新的产品。

4. 网络化

由于网络的普及,基于网络的各种远程控制和监测技术方兴未艾,而远程控制的终端设备本身就是机电一体化产品。现场总线和局域网技术使家用电器网络化成为可能,利用家庭网络把各种家用电器连接成以计算机为中心的集成家用电器系统,可使人们在家里充分享受各种高科技带来的好处。因此,机电一体化系统无疑应朝着网络化方向发展。

5. 人性化

机电一体化产品的最终使用对象是人,如何在机电一体化产品里赋予人的智能、情感和人性显得越来越重要。机电一体化产品除了完善的性能外,还要求在色彩、造型等方面都与环境相协调,给使用这些产品的人不但带来功能上的享受,也带来艺术上的享受,如家用机器人就是机电一体化技术人性化的最高境界。

6. 微型化

微型化是精细加工技术发展的必然,也是提高效率的内在需求。微机电系统(Micro Electronic Mechanical System,MEMS)指可批量制造的,集微型机构、微型传感器、微型执行器以及信号处理和控制电路,甚至接口、通信系统和电源等于一体的微型器件或系统。自 1986 年美国斯坦福大学研制出世界上第一个医用微探针,1988 年美国加州大学伯克利分校研制出世界上第一个直径为 200 μm 的微电机以来,国内外在 MEMS 的工艺、材料及微观机理研究方面取得了很大进展,开发出各种 MEMS 的器件和整机,如各种微型传感器(如微压力传感器、微加速度计、微触觉传感器)以及各种微构件(如微膜、微梁、微探针、微连杆、微齿轮、微轴承、微泵、微弹簧)和微机器人等。

7. 集成化

集成化既包含各种技术的相互渗透、相互融合和各种产品不同结构的优化与复合,又包含在生产过程中同时进行加工、装配、检测、管理等多种工序。为了实现多品种、小批量生产的自动化与高效率,应使系统具有更广泛的柔性和集成性。首先,可将系统分解为若干层次,使系统功能分散,并使各部分协调而又安全地运转,然后通过软、硬件将各个层次有机地联系起来,使其性能最优、功能最强。

8. 带源化

带源化是指机电一体化系统自身带有能源,如太阳能电池、燃料电池和大容量锂电池。在许多场合,无法使用电能,而对于运动的机电一体化系统,自带动力源具有独特的好处。带源化是机电一体化系统的发展方向之一。

9. 绿色化

科学技术的发展给人们的生活带来巨大变化,使物质丰富的同时也带来资源减少、生态环境恶化的后果。所以,人们呼吁保护环境,回归自然,实现可持续发展。绿色产品的概念在这种呼声中应运而生。绿色产品是指低能耗、低材耗、低污染、舒适协调且可再生利用的产品。在其设计、制造、使用和销毁时,应符合环保和人类健康的要求。机电一体化产品的绿色化不但指在其生产和使用过程中不对环境产生污染,而且要求在其产品寿命结束后也不对环境产生污染。

1.5　机电一体化设计的基本原理

1.5.1　机电一体化产品设计的一般步骤与方法

机电一体化设计通常包括机电一体化系统设计和产品设计,为了叙述方便,统称为机电一体化设计。从产品设计角度出发,机电一体化设计过程包括市场调查、初步设计和详细设计三个主要步骤。机电一体化设计要求设计者以系统的、整体的思想来考虑设计过程中许多综合性技术问题。为了避免不必要的经济损失,开发机电一体化产品应该遵循一定的科学开发原则。

1. 市场调查

机电一体化产品设计是涉及多学科、多专业的复杂系统工程。开发一种新型的机电一体化产品,要消耗大量的人力、物力、财力,要想开发出市场对路的产品,市场调查非常关键。

2. 初步设计

初步设计的主要任务是建立产品的功能模型,提出总体方案、投资预算,拟订实施计划等。初步设计的主要工作内容包括方案设计、创新设计和概念设计。

一个好的机电一体化产品设计方案,不仅能带来技术上的创新、功能上的突破,还能带来制造过程的简化、使用上的方便以及经济上的效益。在初步设计过程中,要对多种方案进行分析、比较、筛选,如机械技术和电子技术的运用对比,硬件和软件的分析、择优选择和综合。最后,在多个可行方案中找出一个最优方案。

3. 详细设计

详细设计主要是针对系统总体方案进行具体实施步骤的设计,其主要依据是总体方案框架,从技术上将其细节逐步全部展开,直至完成试制产品样机所需的全部技术图纸和文档。机电一体化产品的详细设计主要包括机械本体设计、机械传动系统设计、传感与检测系统设计、接口设计和控制器设计等。

（1）机械本体设计

在对机械本体进行设计时，要尽量采用新的设计方法，如结构优化设计、动态设计、虚拟设计、可靠性设计、绿色设计等；采用绿色制造、快速制造等先进制造技术，以提高关键零部件的可靠性和精度；研究开发新型复合材料，以减轻机械结构的质量，缩小体积；改善在控制方面的快速响应特性；通过零部件的标准化、系列化、模块化，提高设计、制造和维修的水平；重视协调设计，使新设计的机械本体不但强度高、刚度好，而且经济美观。

（2）机械传动系统设计

机械传动系统的主功能是完成机械运动。严格地说，机械传动还应该包括液压传动、气动传动等其他形式的传动。一部机器必须完成相互协调的若干机械运动，每个机械运动可由单独的电动机驱动、液力驱动、气力驱动，也可以通过传动件和执行机构由它们相互协调驱动。在机电一体化产品设计中，这些机械运动通常由电气控制系统来协调与控制，这就要求在设计机械传动系统时，充分考虑机械传动控制问题。

目前，机电一体化系统中的机械传动装置，已不仅仅是用于变换转速和转矩的变换器，而成为伺服系统的组成部分，因此要根据伺服控制的要求来进行选择设计。虽然近年来，控制电动机直接驱动负载的"直接驱动"技术得到很大的发展，但是对于低转速、大转矩的传动场景，目前还不能取消传动链。此外，机电一体化系统中的传动链还需满足小型、轻量、高速、低冲击振动、低噪声和高可靠性等要求。传动的主要性能取决于传动类型、传动方式、传动精度、动态特性及可靠性等。

（3）传感与检测系统设计

传感器在机电一体化系统中是不可缺少的组成部分。它是整个系统的感觉器官，监测着整个系统的工作过程，使其保持最佳工作状况。在闭环伺服系统中，传感器又用作位置环的检测反馈元件，其性能直接影响工作机械的运动性能、控制精度和智能水平。因而，机电一体化系统要求传感器灵敏度高、动态特性好、稳定可靠、抗干扰性强等。

检测传感器种类很多，而在机电一体化系统中，传感器主要用于检测位移、速度、加速度、运动轨迹以及加工过程参数等。在进行传感器选型时，应根据实际需要，确定主要性能参数。一般选用传感器时，应主要考虑的因素是精度和成本，即根据实际要求合理确定静态、动态精度和成本的关系。

（4）接口设计

机电一体化系统由许多要素和各子系统构成，各要素和子系统之间必须能顺利进行物质、能量和信息的传递与交换，为此各要素和各子系统相接处必须具备一定的联系条件，这些联系条件就可称为接口（interface）。从系统外部看，机电一体化系统的输入／输出是与人、自然及其他系统之间的接口；从系统内部看，机电一体化系统是由许多接口将系统构成要素的输入／输出连接为一体的，其各部件之间、各子系统之间往往需要传递动力、运动、命令或信息，这都是通过各种接口来实现的。机电一体化系统是机械、电子和信息等各种技术融为一体的综合系统，其构成要素或子系统之间的接口极为重要。机械本体各部件之间、执行元件与执行机构之间、传感检测元件与执行机构之间通常是机械接口、电子电路各模块之间的信号传输接口、控制器与传感检测元件之间的转换接口，控制器与执行元件之间的转换接口通常是电气接口。根据接口用途的不同，其又有硬件接口和软件接口之分。

广义的接口功能有两种：一种是输入 / 输出；另一种是变换 / 调整。

1）根据接口的输入 / 输出功能分类。

①机械接口：由输入 / 输出部位的形状、尺寸、精度、配合、规格等进行机械连接的接口，如联轴器、管接头、法兰盘、万能插口、接线柱、插头与插座等。

②物理接口：受通过接口部位的物质、能量与信息具体形态和物理条件约束的接口，如受到电压、频率、电流、电容、传递扭矩的大小、气体成分约束的接口。

③信息接口：受规格、标准、法律、语言、符号等逻辑、软件约束的接口，又称为信息接口，如 GB、ISO、ASCII 码、C、C++ 等。

④环境接口：对周围环境条件（温度、湿度、磁场、水、火、灰尘、振动、放射能）有保护作用和隔绝作用的接口，如防尘过滤器、防水连接器、防爆开关等。

2）根据接口的变换 / 调整功能分类。

①零接口：不进行任何变换和调整，输出即为输入，仅起连接作用的接口，如输送管、插头、插座、接线柱、传动轴、电缆等。

②无源接口：只用无源要素进行变换、调整的接口，如齿轮减速器、进给丝杠、变压器、可变电阻器以及透镜等。

③有源接口：含有有源要素、主动进行匹配的接口，如电磁离合器、放大器、光电耦合器、D/A 转换器、A/D 转换器以及力矩变换器等。

④智能接口：含有微处理器，可进行程序编制或可适应性地改变接口条件的接口，如自动变速装置、通用输入 / 输出接口、通用接口总线（General-Purpose Interface Bus，GPIB）、标准（Standard，STD）总线等。

目前，大部分硬件接口和软件接口都已标准化或正在逐步标准化，设计者在进行硬件设计时可以根据需要选择适当的接口，再配合接口编写相应的程序。

（5）控制器设计

在进行机电一体化系统的控制系统方案设计时，控制器的选择已成为控制系统设计的一个重要因素。面对众多的控制器，首先要了解每种控制器的特点，然后根据被控对象的特点、控制任务要求、设计周期等进行合理选择。控制系统的设计需要权衡各种因素，是综合运用各种知识和经验的过程。选择控制器不仅要考虑字长、运行速度、存储容量、外围接口，还要考虑市场的供应、价格等诸多因素。因此，不仅要求设计人员具有扎实的计算机控制理论、数字电路、软件设计等方面的知识，也需要一定的生产技术和生产工艺知识。下面简单介绍三种目前广泛使用的控制器的特点和应用范围。

1）单片机。随着大规模集成电路的出现，开始在一个小的单片机内集成中央处理器、随机 / 只读存储器、I/O 接口以及其他丰富的外围设备。目前，单片机的发展趋势是高集成度、高运行速度、低功耗、小体积，目的是使用方便灵活，真正做到"单片"。目前 8 位、16 位单片机占据主流地位,并且向低功耗、高速度、集成有先进的模拟接口和数字信号处理器的方向发展,功能不断增强。

2)工业计算机。单片机作为嵌入式控制器,在小型机电一体化产品中得到了广泛的应用,但单片机的开发需要专用开发工具,硬件电路需要自己设计和加工,其质量难以保证,而且开发周期长、成本高。个人计算机具有丰富的硬件和软件资源,有多种商品化的接口板成品可供选用,如数字量 I/O 板、A/D 板、D/A 板、定时器 / 计数器板、通信板和存储器板等。因此,人们将用于商业应用的个人计算机经过加固、元器件筛选、接插件结合部强化、电源改造,使其对于强电磁干扰、电源波动、振动冲击、粉尘等具有较好的防护作用,这种计算机称为工业计算机。

3)可编程逻辑控制器。20 世纪 60 年代末,美国数字设备公司为了适应工业生产中生产工艺不断更新的要求,开发了世界上第一台可编程逻辑控制器(PLC)。PLC 替代了继电器逻辑控制系统。它的最大特点是采用了存储逻辑技术,将控制器的控制功能以程序方式存放在存储器中,由于采用了微处理器技术,控制器不仅具有逻辑控制、计时、计数、分支程序、子程序等顺序控制功能,还能完成数字运算、数据处理、模拟量调节、操作显示、联网通信等功能。PLC 具有体积小、抗干扰能力强、运行可靠等优点,可以直接装入强电动力箱内使用。PLC 使用 8 位或 16 位微处理器,不同的控制功能通过编制软件实现。其采用的梯形图编程语言,形象直观,适合从事逻辑电路设计的工程技术人员学习和使用。

另外,在选择控制器之前,设计人员还需要考虑是采用专用控制器还是通用控制器,以及硬件和软件如何协调工作这两个问题。

1.5.2　机电一体化系统的功能设计

功能分析是方案设计的出发点,是产品设计的第一道工序。机械结构与人体结构有相似之处:人有头部、胸、腹、四肢等,机器有齿轮、轴、连杆、螺钉、机架等结构件;人有消化、呼吸、血液循坏等功能系统,机器有动力、传动、执行、控制等功能系统。机电一体化产品设计是从结构件开始,而功能分析是从对产品结构的思考转为对其功能的思考,从而做到不受现有结构的束缚,以形成新的设计构思,提出创造性方案。

功能分析是抽象地描述机械产品输入量和输出量之间的因果关系。对具体产品来说,功能指产品的效能、用途和作用。人们购买的是产品功能,人们使用的也是产品功能。例如,运输工具的功能是运物载客;电动机的功能是将电能转换为机械能;减速器的功能是传送转矩,变换转速;机床的功能是把坯料加工成零件等。

按照功能的重要程度,功能分为两类:基本功能和辅助功能。基本功能是实现产品使用价值必不可少的功能,辅助功能即产品的附加功能。例如,洗衣机的基本功能是去污,其辅助功能是甩干;手表的基本功能是计时,其辅助功能是防水、防震、防碰等。

采用功能分析法进行方案设计时,按下列步骤进行工作。

1)设计任务抽象化,确定总功能。抓住本质,扩展思路,寻找解决问题的多种方法。

2)将总功能逐步分解为比较简单的分功能,形成功能树。

3）寻求分功能的解决方案。

4）原理组合，形成多种原理设计方案。

5）方案评价与决策。

必须指出，原理方案设计过程是一个动态优化过程，需要不断补充新信息，因此原理方案设计过程是一个反复修改的过程。必要时，原理方案设计阶段也可以安排模型和样机试验。

1.5.3　机电一体化系统结构设计

所谓结构设计，就是将工程设计的设想转化成工程图样的过程，在这一过程中要兼顾各学科技术、经济和社会需求，并且应该充分考虑各种可能的方案，从中优选出符合具体产品实际条件的最佳方案。宏观地看，结构设计大致有以下三方面内容。

1）功能设计。以各种具体结构实现机电一体化系统的功能要求。

2）质量设计。兼顾各种要求和限制，提高机电一体化系统的质量和性能。

3）优化设计和创新设计。充分应用现代设计方法，系统地构造设计优化模型，用创造性设计思维方法进行机电一体化系统设计。

虽然结构设计的最终产品是工程图样，但它并不只是简单地进行具体的设计制图，现代技术产品的竞争焦点往往不是该产品的某种工作原理，而是其具有特色的先进技术指标，在现代产品的设计中，后者显得越来越重要，那种只需满足主要技术功能要求，只解决"有或无"的时代已过去了。一般来说，对产品质量的提高是永无止境的，随着市场竞争的日益激烈，需求个性化是今后产品开发设计的主要发展方向。因此，结构设计优化内容包括设计零部件形状、数量、空间位置、选材、尺寸，进行各种计算，按比例绘制结构方案总图等。在进行结构计算时，采用优化设计、可靠性设计、有限元设计、计算机辅助设计等现代设计方法。对结构进行设计时，同时还要充分考虑现有的各种条件，如加工条件、现有材料、各种标准零部件、相近机器的通用件等。因此，结构设计是从定性到定量，从抽象到具体，从粗略到精细的设计过程。

在结构设计中，设计者要从承载能力、寿命、强度、刚度、稳定性、减少磨损和腐蚀等方面来提高产品性能，获得最优方案。为此，就需要进一步掌握结构设计中的内在规律，遵守结构设计的基本原理。这些原理包括任务分配原理、自补偿原理、材料与结构变元、力传递原理、力平衡原理、等强度原理、稳定性原理、降噪原理等。

1.5.4　机电一体化控制系统设计

机电一体化产品与非机电一体化产品的本质区别在于前者具有计算机控制伺服系统。控制系统作为机电一体化产品的核心，必须具备以下基本条件。

1）有实时的信息转换和控制功能。和普通的信息处理系统及用作科学计算的信息处理机不同，机电一体化产品的计算机系统应能提供各种数据实时采集和控制功能，且稳定性好、反应速度快。

2）有人机交互功能。一般的控制器都具有输入指令、显示工作状态的界面。较复杂的控制系统还有程序调用、编辑处理等功能，如 ABB、三菱等品牌工业机器人的示教器等，以利于操作者方便地用接近于自然语言的方式来控制机器，控制系统使机器的功能更加完善。

3）有机电部件的接口。机电部件主要指被控制对象的传感器和执行机构。接口指机械和电气的物理连接。按信号的性质分，接口有开关量接口、数字量接口和模拟量接口；按功能分，接口有主要完成信息连接和传递的通信接口和能独立完成部分信息处理的智能接口；按通信方式分，接口又可分成串行接口和并行接口等。控制器必须具有足够的接口，才能很好地满足与被控制机电设备的运动部件、检测部件连接的需要。

4）有支持控制软件运行的功能。简单的控制器经常采用汇编语言实现控制功能，控制器的微处理器可以采用裸机形式，即全部运行程序均以汇编形式编写固化，对于较复杂的控制要求，需要有监控程序或操作系统支持，以充分利用现有的软件产品，缩短开发周期，完成复杂的控制任务。

机电一体化的控制系统的形式有以下四种。

1）过程控制系统。过程控制系统根据生产流程进行设备状态数据的采集与巡回检测，然后根据预定的控制规律对生产过程进行控制。过程控制系统一般都是开环系统，在轻工业、食品、制药、机械等行业广泛应用。

2）伺服控制系统。伺服控制系统是基本的机电一体化控制系统。伺服系统要求输出信号能够稳定、快速、准确地复现输入信号的变化规律。输入信号可以是数字或电信号，输出则是位移、速度等机械量。

3）顺序控制系统。顺序控制系统按照动作的逻辑次序来安排操作顺序。

4）数字控制系统。数字控制系统根据零件编程或路径规划，由计算机生成数字形式的指令，再驱动机器运动。

计算机控制系统的设计内容主要包括硬件电路设计和软件设计。对于不同的控制器，硬件电路设计和软件设计的工作量不同，设计的步骤也略有差异。总体来讲，控制系统的设计要遵照下面的步骤进行。

1）确定系统的总体方案。

2）建立数学模型，并确定控制算法。

3）进行控制系统的总体设计。

4）进行控制系统的软硬件设计。

5）系统调试。

习题与思考题

1）机电一体化的内涵是什么？

2）机电一体化技术经历了哪三个发展阶段？它们各有什么特点？

3）机电一体化系统一般由哪些要素构成？

4）机电一体化系统的关键技术有哪些？

5）机电一体化技术的发展方向有哪些？

第2章 机械结构系统

机械系统是机电一体化系统中的最基本要素,主要包括执行机构、传动机构和支承部件。机械系统的主要功能是保证其他系统的正常工作,同时完成机械运动。一部机器的正常运作必须依靠若干相互协调的机械运动来实现。在机电一体化系统的机械系统中,这些机械运动由单独的电动机、传动件和执行机构组成的若干子系统来完成,并由计算机来协调与控制。与一般的机械系统相比,这种机械系统除要求具有较高的定位精度之外,还应具有良好的动态响应特性,即响应要快、稳定性要好。

2.1 机械传动部件

在机电一体化系统中,用于传递能量及改变运动方向、速度和转矩的传动机构主要有带传动机构、齿轮传动机构、滚珠丝杠机构等,有线性和非线性之分。线性传动机构包括减速装置、丝杠螺母副、蜗轮蜗杆副等;非线性传动机构包括连杆机构、凸轮机构等。

对于不同用途的机械传动机构,其要求也不同。对于工作机传动机构,要求其能实现运动和力(力矩)的变换;对于信息机传动机构,只要求其克服惯性力(力矩)和各种摩擦阻力(力矩)及较小的负载实现运动的变换。通常,要求工作机传动机构的传动精度高、工作稳定性好。例如,对于齿轮传动来说,其应该具有工作可靠、传动比恒定、结构紧凑、强度大、能承受重载、摩擦力小、效率高等特点。为此,在工作机传动机构的设计中,常采用以下措施。

1)采用低摩擦阻力的传动部件和导向支承件。

2)缩短传动链,以提高传动与支承刚度。

3)选用最佳传动比,以提高系统分辨率,减少等效转动惯量,提高加速能力。

4)缩小反向死区误差,如消除传动间隙、减少支承变形等。

5)改进支承及架体的结构,以提高刚性、减少振动、降低噪声。

一种传动机构可能满足一项或同时满足几项以上功能要求。例如:齿轮齿条传动既可将直线运动或回转运动转换为回转运动或直线运动,又可将直线驱动力或转矩转换为转矩或直线驱动力;带传动、蜗轮蜗杆及各类齿轮减速器既可进行升速或降速,也可进行转矩大小的变换。随着机电一体化技术的发展,其机械传动机构要在以下三方面不断地发展。

1)精密化。为了适应产品对高定位精度的需求,要求机械传动机构的精度越高越好。

2)高速化。因为产品的工作效率与机械传动部分的运动速度相关,所以机械传动机构应能适应高速运动的要求。

3)小型化、轻量化。机械传动机构的小型化、轻量化是为了提供更高的运动灵敏度(响应性),减小冲击,降低能耗。此外,为了与电子部件的微型化相适应,机械传动机构要尽量短小化、轻薄化。

下面以几种典型传动形式来介绍机电一体化系统中的机械传动机构的设计。

2.1.1 齿轮传动

齿轮传动是常见的一种机械传动形式,对于机电一体化系统来说,其齿轮传动系统的性能对其精密性和高速性等有重要影响。

设计机电一体化系统的齿轮传动系统,主要是研究它的动力学特性,从而获得高精度、高稳定性、高速性、高可靠性和低噪声等性能。

(1)最佳总传动比

通常把传动系统中的工作负载、惯性负载和摩擦负载综合为系统的总负载,方法如下。

1)峰值综合。若各种负载为非随机性负载,将各负载的峰值取代数和的方法为峰值综合法。

2)均方根综合。若各种负载为随机性负载,取各负载的均方根的方法为均方根综合法。

进行负载综合时,要将负载转化到电动机轴上,成为等效峰值综合负载转矩或等效均方根综合负载转矩。使等效负载转矩最小或负载加速度最大的总传动比,即为最佳总传动比。

(2)总传动比分配

在确定齿轮系统的总传动比后,根据对传动链的技术要求,选择传动方案,使驱动部件和负载之间的转矩、转速合理匹配。若总传动比较大,就需要确定传动级数,并在各级之间分配传动比。例如,采用单级齿轮传动增大传动比会使传动系统简化,但大齿轮尺寸的增大会使整个传动系统的尺寸变大。因此,总传动比要进行分级分配,并在各级之间分配传动比。常用的传动比分配原则有以下三种。

Ⅰ.最小等效转动惯量原则

对于利用最小等效转动惯量原则所设计的齿轮传动系统,换算到电动机轴上的等效转动惯量最小。

设有一由小功率电动机驱动的二级齿轮减速系统,如图 2-1 所示。设其总传动比为 $i=i_1i_2$。若先假设各主动小齿轮具有相同的转动惯量,各齿轮均近似视为实心圆柱体(直径为 d),其齿宽 B,相对密度 γ 均相同,其转动惯量均为

$$J = \frac{\pi B \gamma}{32g} d^4$$

如不计轴和轴承的转动惯量,则根据系统动能不变的原则,等效到电动机轴上的等效转动惯量为

$$J_{me} = J_1 + \frac{J_2 + J_3}{i_1^2} + \frac{J_4}{i_1^2 i_2^2}$$

根据 n 级齿轮传动相关理论,传动比有如下关系:

$$i_1 = 2^{\frac{2^n - n - 1}{2(2^n - 1)}} i^{\frac{1}{2^n - 1}}, \; i_k = \sqrt{2}\left(\frac{i}{2^{n/2}}\right)^{\frac{2^{k-1}}{2^n - 1}} \quad (k = 2, \; 3, \; 4, \; \cdots, \; n)$$

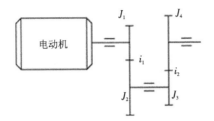

图 2-1 二级减速传动系统

Ⅱ. 质量最轻原则

对于小功率传动系统,当各级传动比满足 $i_1=i_2=i_3=\cdots=\sqrt[n]{i}$ 时,即可使传动装置的质量最轻。由于这个结论是在假定各主动小齿轮模数、齿数均相同的条件下导出的,故所有大齿轮的齿数、模数也相同,每级齿轮副的中心距离也相同。上述结论对于大功率传动系统是不适用的,因其传递扭矩大,故其齿轮模数、齿轮齿宽等参数要逐级增加。此时,应根据经验、类比方法以及结构紧凑的要求进行综合考虑。各级传动比一般应以"先大后小"的原则处理。

Ⅲ. 输出轴转角误差最小原则

当要提高机电一体化系统中齿轮传动系统传递运动的精度时,各级传动比应按"先小后大"的原则分配,以便降低齿轮的加工误差、安装误差以及回转误差对输出转角精度的影响。设齿轮传动系统中各级齿轮的转角误差换算到末级输出轴上的总转角误差为 $\Delta\phi_{\max}$,则

$$\Delta\phi_{\max} = \sum_{k=1}^{n}\left(\Delta\phi_k / i_{kn}\right)$$

式中 $\Delta\phi_k$——第 k 个齿轮所具有的转角误差;

   i_{kn}——第 k 个齿轮的转轴至第 n 级输出轴的传动比。

例如,对于一个四级齿轮传动系统,设各级齿轮的转角误差分别为 $\Delta\phi_1$,$\Delta\phi_2$,$\cdots$,$\Delta\phi_8$,则换算到末级输出轴上的总转角误差为

$$\Delta\phi_{\max} = \frac{\Delta\phi_1}{i} + \frac{\Delta\phi_2+\Delta\phi_3}{i_2 i_3 i_4} + \frac{\Delta\phi_4+\Delta\phi_5}{i_3 i_4}\frac{\Delta\phi_6+\Delta\phi_7}{i_4} + \Delta\phi_8$$

上述计算对小功率传动系统比较符合实际,而对于大功率传动系统,由于转矩较大,需要按其他法则进行计算。

综上所述,在设计定轴齿轮传动系统过程中,当确定总传动比、传动级数和分配传动比时,要根据系统的工作条件和功能要求,在考虑上述三个原则的同时,考虑其可行性和经济性,合理分配传动比。

2.1.2 谐波齿轮传动

谐波齿轮传动具有结构简单、传动比大、传动精度高、回程误差小、噪声低、传动平稳、承载能力强、效率高等优点,故其在工业机器人、航空、航天等机电一体化系统中日益得到广泛的应用。

1. 谐波齿轮传动的工作原理

谐波齿轮传动是建立在弹性变形理论基础上的一种新型传动,它的出现为机械传动技术带来了重大突破。图 2-2 为谐波齿轮啮合原理的示意图。谐波齿轮由三个主要构件组成,即具有内齿的刚轮 1、具有外齿的柔轮 2 和波发生器 3。这三个构件与少齿差行星齿轮传动中的中心内齿轮、行星轮和系杆相当。通常,波发生器为主动件,而刚轮和柔轮之一为从动件,另一个为固定件。当波发生器装入柔轮内孔时,由于前者的总长度略大于后者的内孔直径,故柔轮变为椭圆形,于是在椭圆的长轴两端产生了柔轮与刚轮轮齿的两个局部啮合区;同时在椭圆短轴两端,两轮的轮齿则完全脱开。至于其余各处,则视柔轮回转方向的不同,或处于啮合状态,或处于半啮合状态。当波发生器连续转动时,柔轮长短轴的位置不断变化,从而使轮齿的啮合处和脱开处也随之不断变化,于是在柔轮与刚轮之间就产生了相对位移,从而传递运动。

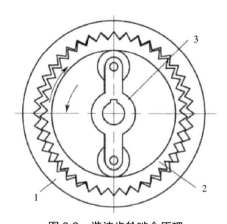

图 2-2　谐波齿轮啮合原理
1—刚轮;2—柔轮;3—波发生器。

在波发生器转动一周期间,柔轮上任一点的变形循环次数与波发生器上的凸起部位数是一致的,称为波数。常用的波发生器有两波型和三波型两种。为了有利于柔轮的力平衡和防止轮齿干涉,刚轮和柔轮的齿数差应等于波发生器的波数(即波发生器上的滚轮数)的整倍数,通常取与波数相等。

由于在谐波齿轮传动过程中,柔轮与刚轮的啮合过程与行星齿轮传动类似,故其传动比可按周转轮系的计算方法求得。

2. 谐波齿轮传动的传动比计算

与行星齿轮轮系传动比的计算相似,谐波齿轮传动的传动比为

$$i_{rg}^{H} = \frac{\omega_r - \omega_H}{\omega_g - \omega_H} = \frac{z_g}{z_r}$$

式中　　ω_g、ω_r、ω_H——刚轮、柔轮和波发生器的角速度;

z_g、z_r——刚轮和柔轮的齿数。

1)当柔轮固定时,$\omega_r = 0$,则

$$i_{rg}^{H} = \frac{0 - \omega_H}{\omega_g - \omega_H} = \frac{z_g}{z_r}$$

$$\frac{\omega_g}{\omega_H} = 1 - \frac{z_r}{z_g} = \frac{z_g - z_r}{z_g}$$

$$i_{Hg} = \frac{\omega_H}{\omega_g} = \frac{z_g}{z_g - z_r}$$

设 $z_r = 200$、$z_g = 202$，则 $i_{Hg} = 101$。结果为正值，说明刚轮与波发生器转向相同。

2）当刚轮固定时，$\omega_g = 0$，则

$$i_{rg}^{H} = \frac{\omega_r - \omega_H}{0 - \omega_H} = \frac{z_g}{z_r}$$

$$\frac{\omega_r}{\omega_H} = 1 - \frac{z_g}{z_r} = \frac{z_r - z_g}{z_r}$$

$$i_{Hr} = \frac{\omega_H}{\omega_r} = \frac{z_r}{z_r - z_g}$$

设 $z_r = 200$、$z_g = 202$，则 $i_{Hr} = -100$。结果为负值，说明柔轮与波发生器转向相反。

3. 谐波齿轮减速器产品及选用

目前，谐波齿轮减速器生产厂家所用标记代号不尽相同。以 XB1 型通用谐波齿轮减速器为例，其标记代号形式如图 2-3 所示。

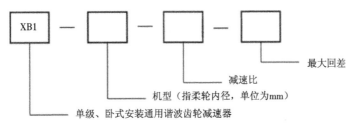

图 2-3　谐波齿轮减速器标记代号形式

例如，XB1 – 120 – 100 – 6 – G 表示单级、卧式安装，具有水平输出轴，柔轮内径为 120 mm，减速比为 100，最大回差为 6′，采用油脂润滑（由 G 表示）的谐波齿轮减速器。

设计者也可根据需要单独购买具有不同减速比、不同输出转矩的谐波齿轮减速器中的三大构件（图 2-4），并根据其安装尺寸与系统的机械构件相连接组成特定的谐波齿轮减速器。图 2-5 所示为小型谐波齿轮减速器结构图。

刚轮　　柔轮　　波发生器

图 2-4　谐波齿轮减速器三大构件

刚轮　　　　波发生器

柔轮

图 2-5　小型谐波齿轮减速器结构

谐波齿轮减速器的选用说明如下。

1）选型时需确定以下三项参数。

① 传动比或输出转速（r/min）。

② 减速器输入功率（kW）。

③ 额定输入转速（r/min）。

2）如减速器的输入转速是可调的，则在选用减速器型号时应分情况确定：工作条件为"恒功率"时，按最低转速选用机型；工作条件为"恒扭矩"时，按最高转速选用机型。此外，在选型时须说明是否与电动机直联、电动机型号及参数。

3）减速器输入功率 P_{C1} 与输出扭矩 T_{C2} 的计算。

$$P_{C1} = PK_A$$

$$T_{C2} = TK_A$$

式中　P——减速器额定输入功率（kW）；

　　　T——减速器额定输出扭矩（N·m）；

　　　K_A——工作情况系数。

XB1 型谐波齿轮减速器的工作情况系数见表 2-1。

表 2-1　XB1 型谐波齿轮减速器工作情况系数

原动机	负荷性质	每日工作时间（h）		
		>1~2	>2~10	>10~24
电动机	轻微冲击	1.00	1.30	1.50
	中等冲击	1.30	1.50	1.75
	较大冲击或惯性冲击	1.50	1.75	2.00

4）减速器输出轴装有齿轮、链轮、三角皮带轮及平皮带轮时，需要校验轴伸的悬臂负荷 F_{C1}，校验公式为

$$F_{C1} = \frac{2TK_A}{D} \cdot F_R$$

式中　D——齿轮、链轮、皮带轮的节圆直径(m)；

　　　F_R——悬臂负荷系数(齿轮的 $F_R=1.5$，链轮的 $F_R=1.2$，三角皮带轮的 $F_R=2$，平皮带轮的 $F_R=2.5$)。

当悬臂负荷 F_{C1} 小于或等于许用悬臂负荷 F(表 2-2)，即 $F_{C1} \leqslant F$ 时，即可通过。

表 2-2　XB1 型谐波齿轮减速器轴伸的许用悬臂负荷　　　　单位:N

型　　号	XB1—100	XB1—120	XB1—160	XB1—200	XB1—250
许用悬臂负荷 F	4 000	5 000	10 000	15 000	17 000

5)如减速器使用在有可能发生过载的工作场合中，应安装过载保护装置。

2.1.3　同步带传动

1.同步带传动分类

(1)按用途分

1)一般工业用同步带传动，即梯形齿同步带传动，如图 2-6 所示。它主要用于中、小功率的同步带传动，如各种仪器、计算机、轻工机械中均采用这种同步带传动。

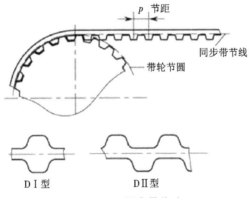

图 2-6　同步带传动

2)高转矩同步带传动，又称高转矩驱动(High Torque Drive，HTD)带传动或超高转矩正驱动(Super Torque Positive Drive，STPD)带传动。STPD 同步带的齿形呈圆弧状(图 2-7)，通常称其为圆弧齿同步带，主要用于重型机械的传动，如运输机械(飞机、汽车)、石油机械和机床、发电机等的传动系统中。

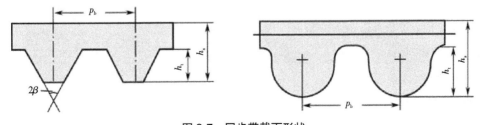

图 2-7　同步带截面形状

p_b—节距；h_t—齿厚；h_s—带厚。

3)特种规格的同步带传动。其是根据某种机器的特殊需要,而采用的特种规格的同步带传动,如工业缝纫机、汽车发动机用的同步带传动。

4)特殊用途的同步带传动。其是为适应特殊工作环境而开发的同步带传动。

(2)按规格制度分

1)模数制。同步带的主要参数是模数 m(含义与齿轮相同),工程中会根据不同的模数值来确定同步带的型号及结构参数。在 20 世纪 60 年代,该种规格制度曾应用于日本、意大利等国,后随国际交流的需要,各国同步带规格制度逐渐统一到节距制。目前,东欧部分国家仍采用模数制。

2)节距制。当前,同步带的主要参数是带齿节距,按节距的不同,相应的带、轮有不同的结构尺寸。该种规格制度目前被确定为国际标准。由于节距制起源于英国、美国,其计量单位为英制单位或经换算的公制单位。

3)DIN 米制节距。DIN(德国标准化学会的德文缩写)米制节距是德国标准化学会制定的同步带传动规格制度,其主要参数为齿节距,但标准节距数值不同于节距制,计量单位为公制。在我国,由于进口自德国的设备较多,故 DIN 米制节距同步带在我国也有应用。

随着人们对齿形应力分布的解析,开发出了能传递更大功率的圆弧齿形,如图 2-8(b)所示。紧接着人们根据渐开线的展成运动,又开发出了与渐开线相似的多圆弧齿形(近似渐开线齿),如图 2-8(c)所示。与梯形齿和圆弧齿相比,这种齿形使带齿和带轮能更好地啮合,使同步带传动啮合性能和传动性能得到进一步优化,且传动变得更平稳、精确,噪声更小。三种齿形的传递能力、噪声水平、打滑扭矩比较,如图 2-9 所示。

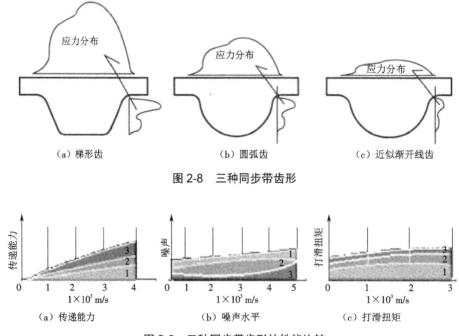

图 2-8　三种同步带齿形

图 2-9　三种同步带齿形的性能比较

1—梯形齿;2—圆弧齿;3—近似渐开线齿。

2. 同步带传动的优缺点

（1）工作时无滑动，有准确的传动比

同步带传动是一种啮合传动，虽然同步带是弹性体，但由于其中承受负载的承载绳具有在拉力作用下不伸长的特性，故能保持带的节距不变，使带与轮齿槽能正确啮合，实现无滑差的同步传动，获得精确的传动比。

（2）传动效率高，节能效果好

由于同步带做无滑动的同步传动，故有较高的传动效率，一般可达 98%。它与三角带传动相比，有明显的节能效果。

（3）传动比范围大，结构紧凑

同步带传动的传动比一般可达到 10 左右，而且在大传动比情况下，其结构比三角带传动紧凑。因为同步带传动是啮合传动，其带轮直径比依靠摩擦力来传递动力的三角带带轮要小得多，此外由于同步带不需要大的张紧力，带轮轴和轴承的尺寸都可减小。所以，与三角带传动相比，在同样的传动比下，同步带传动具有较紧凑的结构。

（4）维护保养方便，运转费用低

由于同步带中的承载绳采用伸长率很小的玻璃纤维、钢丝等材料制成，故在运转过程中带的伸长量很小，不需要像三角带、链传动等经常调整张紧力。此外，同步带在运转中也不需要任何润滑，所以维护保养很方便，运转费用比三角带、链、齿轮要低得多。

（5）恶劣环境条件下仍能正常工作

尽管同步带传动与其他传动相比有以上优点，但它对安装时的中心距要求等方面极其严格，同时制造工艺复杂、制造成本高。

3. 同步带的结构和尺寸规格

（1）同步带结构

如图 2-10 所示，同步带一般由承载绳、带齿、带背和包布层组成。工业用同步带带轮及同步带截面形状分别如图 2-11 和图 2-12 所示。

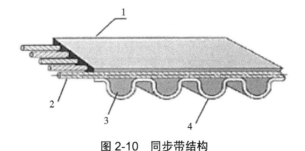

图 2-10　同步带结构

1—带背；2—承载绳；3—带齿；4—包布层。

图 2-11　工业用同步带带轮

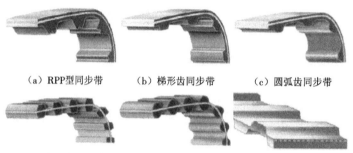

（a）RPP型同步带　　　（b）梯形齿同步带　　　（c）圆弧齿同步带

（d）梯形齿双面同步带　　（e）圆弧齿双面同步带　　（f）交错双面齿同步带

图 2-12　工业用同步带截面形状

（2）同步带规格型号

根据国标 GB/T 11616—2013、GB/T 11362—2008,我国同步带型号及标记方法分别见表 2-3 和图 2-13。

表 2-3　同步带型号

型　　号	名　　称	节　　距	
		（mm）	（in）
MXL（Minimal Extra Light）	最轻型	2.032	0.08
XXL（Double Extra Light）	超轻型	3.175	0.125（1/8）
XL（Extra Light）	特轻型	5.080	0.200（1/4）
L（Light）	轻型	9.525	0.375（3/8）
H（Heavy）	重型	12.700	0.5（1/2）
XH（Extra Heavy）	特重型	22.225	0.875（7/8）
XXH（Double Extra Heavy）	最重型	31.750	1.25

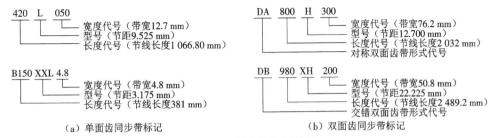

（a）单面齿同步带标记　　　　　　　　　　（b）双面齿同步带标记

图 2-13　同步带标记示例

2.1.4　滚珠丝杠副传动

滚珠丝杠副传动是在丝杠和螺母滚道之间放入适量的滚珠,使螺纹间产生滚动摩擦。丝杠转动时,带动滚珠沿螺纹滚道滚动。螺母上设有返向器,与螺纹滚道构成滚珠的循环通道。为了在滚珠与滚道之间形成无间隙甚至有过盈配合,可设置预紧装置。为延长工作寿命,可设置润滑件和密封件。

1. 滚珠丝杠副传动的工作原理与结构

如图 2-14 所示,丝杠和螺母的螺纹滚道间装有承载滚珠,当丝杠或螺母转动时,滚珠沿螺纹滚道滚动,则丝杠与螺母之间在相对运动时产生滚动摩擦,为防止滚珠从滚道中滚出,在螺母的螺旋槽两端设有回程引导装置,它们与螺纹滚道形成循环回路,使滚珠在螺纹滚道内循环。在滚珠丝杠副中,滚珠的循环方式有内循环和外循环两种。

图 2-14　滚珠丝杠副结构

（1）内循环

内循环方式中的滚珠在循环过程中始终与丝杠表面保持接触,在螺母的侧面孔内装有接通相邻滚道的返向器,利用返向器引导滚珠越过丝杠的螺纹顶部进入相邻滚道,形成一个循环回路。

一般在同一螺母上装有 2~4 个滚珠返向器,并沿螺母圆周均匀分布。内循环方式的优点是滚珠循环的回路短、流畅性好、效率高、螺母的径向尺寸较小。其不足之处是返向器加工困难、装配调整也不方便。

（2）外循环

外循环方式中的滚珠在循环返向时,离开丝杠螺纹滚道,在螺母体内或体外做循环运动。从结构上看,外循环有三种形式:螺旋槽式、插管式和端盖式。图 2-15 所示为端盖式循环和插管式循环的原理图。由于滚珠丝杠副的应用越来越广,对其研究也更深入,为了提高其承载能力,研究者开发出了新型的滚珠循环方式(UHD 方式),如图 2-16(b)所示;为了提高回转精度,研究者还开发出了一种无螺母式的丝杠副,如图 2-16(c)所示。

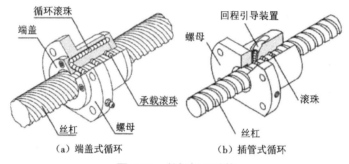

（a）端盖式循环　　　　　　　　（b）插管式循环

图 2-15　丝杠螺母结构

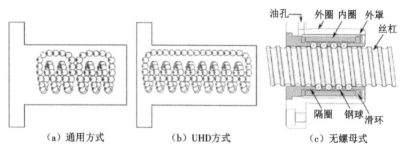

（a）通用方式　　　　（b）UHD 方式　　　　（c）无螺母式

图 2-16　滚珠的排列方式和无螺母式结构

2. 滚珠丝杠副轴向间隙的调整和预紧力施加的方法

滚珠丝杠副除了对本身单一方向的传动精度有要求外,对轴向间隙也有严格要求,以保证其反向传动精度。滚珠丝杠副的轴向间隙是承载时滚珠与滚道面接触点的弹性变形所引起的螺母位移量和螺母原有间隙的总和。通常采用双螺母预紧或单螺母(大滚珠、大导程)预紧的方法,把弹性变形控制在最小限度内,以减小或消除轴向间隙,并提高滚珠丝杠副的刚度。

（1）双螺母预紧原理

双螺母预紧的原理如图 2-17 所示。该方法是在两个螺母之间加垫片来消除丝杠和螺母之间的间隙。根据垫片厚度不同分成两种形式,垫片厚度较大时会产生预拉应力,而垫片厚度较小时会产生预压应力,两种应力的作用都是消除轴向间隙。

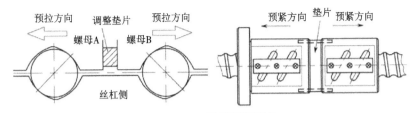

图 2-17　双螺母预紧原理

（2）单螺母预紧原理（增大滚珠直径法）

单螺母预紧的原理如图 2-18 所示。该方法是为了补偿滚道的间隙，设计时将滚珠的尺寸适当增大，使其发生 4 点接触，产生预紧力。为了提高工作性能，可以在承载滚珠之间加入间隔钢球。

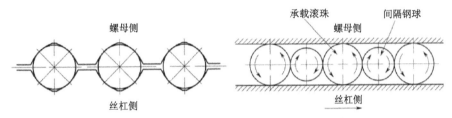

图 2-18　单螺母预紧原理（增大滚珠直径法）

（3）单螺母预紧原理（偏置导程法）

偏置导程法的原理如图 2-19 所示。该方法是在螺母中部将其导程增加一个预压量 Δ，以达到预紧的目的。

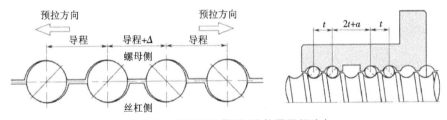

图 2-19　单螺母预紧原理（偏置导程法）

3. 滚珠丝杠副的主要尺寸和精度等级

（1）主要尺寸

滚珠丝杠副的主要尺寸及其计算公式见表 2-4。

表 2-4　滚珠丝杠副的主要尺寸及其计算公式

主要尺寸	符号	主要尺寸或计算公式					
公称直径（滚珠中心圆直径）	d_0（mm）	30	40	50	60	70	根据承载能力选用

主要尺寸	符号	主要尺寸或计算公式											
导程	p (mm)	5	6	6	8	6	8	10	8	10	12	10	12	根据承载能力选用
螺旋升角	λ	3°2′	3°39′	2°44′	3°39′	2°11′	2°55′	3°39′	2°26′	3°2′	3°39′	2°17′	2°44′	$\lambda = \arctan \dfrac{p}{\pi D_0}$ 一般 $\lambda = 2° \sim 5°$
滚珠直径	d_0 (mm)	3.175	3.969	3.969	4.763	3.969	4.763	5.953	4.763	5.933	7.144	5.953	7.144	根据承载能力选用
螺纹滚道半径	R (mm)	一般 $R = (0.52 \sim 0.58)d_0$；内循环常数取 $R = 0.52 d_0$；外循环常数取 $R = 0.52 d_0$ 或 $R = 0.56 d_0$												
接触角	α	$\alpha = 45°$												
偏心距	e (mm)	$e = \left(R - \dfrac{d_0}{2} \right) \sin \alpha = 0.707 \left(R - \dfrac{d_0}{2} \right)$												
丝杠外径	d (mm)	$d = D_0 - (0.2 \sim 0.25)d_0$												
丝杠内径	d_1 (mm)	$d_1 = D_0 + 2e - 2R$												
螺纹牙顶圆角半径	r_3 (mm)	$r_3 = 0.1 d_0$（用于内循环）												
螺母外径	D (mm)	$D = D_0 - 2e + 2R$												
螺母内径	D_1 (mm)	$D_1 = D_0 + (0.2 \sim 0.25)d_0$（外循环）；$D_1 = D_0 + \dfrac{D_0 - d}{3}$（内循环）												

（2）精度等级

按《滚珠丝杠副 丝杠轴端型式尺寸》（JB/T 3162—2011），滚珠丝杠副的精度分为七个等级：1、2、3、4、5、7、10。1 级最高，10 级最低。滚珠丝杠副精度包括各元件的制造精度和装配后的综合精度，如丝杠公称直径尺寸变动量、丝杠和螺母的表面结构参数、丝杠大径对螺纹轴线的径向圆跳动量、导程误差等。各等级对各项均有公差要求。

对于用于数控机床、精密机床和精密仪器进给系统的滚珠丝杠副，根据定位精度和重复定位精度的要求，可选用 1、2、3 级；一般动力传动中的滚珠丝杠副，其精度等级可偏低，可选用 7、10 级。

4. 滚珠丝杠副的安装

丝杠的轴承组合及轴承座、螺母座和其他零件的连接刚性对滚珠丝杠副传动系统的刚度和精度都有很大影响，必须在设计、安装时认真考虑。为了提高轴向刚度，丝杠支承常用以推力轴承为主的轴承组合，仅当轴向载荷很小时，才用向心推力轴承。表 2-5 中列出了 4 种典型支承方式及其特点。

表 2-5　滚珠丝杠副支承形式

序　号	支承方式	简　图	特　点	支承系数	
				压杆稳定 f_k	临界转速 f_c
1	单推 – 单推 J–J		(1)轴向刚度较高; (2)预拉伸安装时,需加载荷较大,轴承寿命比方式 2 长; (3)适宜中速、高精度,并可用双推 – 单推组合	1	3.142
2	双推 – 双推 F–F		(1)轴向刚度最高; (2)预拉伸安装时,需加载荷较小,轴承寿命较短; (3)适宜高速、高刚度、高精度	4	4.730
3	双推 – 简支 F–S		(1)轴向刚度不高,与螺母位置有关; (2)双推端可预拉伸安装; (3)适宜中速、精度较高的长丝杠	2	3.927
4	双推 – 自由 F–O		(1)轴向刚度低,与螺母位置有关; (2)双推端可预拉伸安装; (3)适宜中小载荷、低速的短丝杠,更适宜垂直安装	0.25	1.875

除表 2-5 中所列特点外,当滚珠丝杠副工作时,其会因受热(摩擦及其他热源)而伸长,这对于第 1 种支承方式的预紧轴承将会引起卸载,甚至产生轴向间隙,此时的支承特性与第 3、4 种支承方式类似;对于第 2 种支承方式,其发生卸载后,可能在两端支承中造成预紧力的不对称,且丝杠的伸长量只能允许在某个范围内,因此要严格限制其温升。因此,双推 – 双推这种高刚度、高精度的支承方式更适用于精密丝杠传动系统;而普通机械常用第 3、4 种方案,因其费用比较低廉,前者用于长丝杠,后者用于短丝杠。

5. 滚珠丝杠副的设计计算

设计滚珠丝杠副时的已知条件:工作载荷 $F($ N $)$ 或平均工作载荷 $F_m($ N $)$、运转寿命 $L_h'($ h $)$、丝杠的工作长度(或螺母的有效行程)$L($ m $)$、丝杠的转速 $n($ 平均转速 n_m 或最大转速 n_{max} $)($ r/min $)$、滚道的 HRC 硬度和运转情况。一般的设计步骤及方法如下。

1)丝杠副的计算载荷 $F_C($ N $)$:

$$F_C = K_F K_H K_A K_m$$

式中　K_F——载荷系数,按表 2-6 选取;

　　　K_H——硬度系数,按表 2-7 选取;

　　　K_A——精度系数,按表 2-8 选取;

　　　F_m——平均工作载荷(N)。

表 2-6　载荷系数

载荷性质	无冲击平稳运转	一般运转	有冲击和振动运转
K_F	1~1.2	1.2~1.5	1.5~2.5

表 2-7　硬度系数

滚道实际硬度 HRC	≥58	55	50	45	40
K_H	1.0	1.11	1.56	2.40	3.85

表 2-8　精度系数

精度等级	1、2	3、4	5、6	7
K_A	1.0	1.1	1.25	1.43

2）计算额定动载荷（N）：

$$C_a' = F_C \sqrt{\frac{n_m L_h'}{1.67 \times 10^4}}$$

式中　n_m——丝杠副的平均转速（r/min）；

　　　L_h'——运转寿命（h）；

　　　F_C——计算载荷（N）。

3）在滚珠丝杠副系列中选择所需要的规格，使所选规格的滚珠丝杠副的额定动载荷 $C_a \geqslant C_a'$。

4）验算传动效率、刚度及工作稳定性，如不满足要求，则应另选其他型号并重新验算。

5）对于低速（$n \leqslant 10$ r/min）传动，只按额定静载荷计算即可。

2.2　轴系支承部件

轴系由轴及安装在轴上的齿轮、带轮等传动部件组成，包括主轴轴系和中间传动轴轴系。轴系的主要作用是传递扭矩及传递精确的回转运动，它直接承受外力（力矩）。工程中，对中间传动轴轴系的要求一般不高，而对于起主要作用的主轴轴系的旋转精度、刚度、热变形及抗振性等的要求较高。通常，在设计轴系时需考虑以下几方面的要求。

1）旋转精度。旋转精度是指在装配之后，在无负载、低速旋转的条件下，轴前端的径向跳动和轴向窜动量取决于轴系各组成零件及支承部件的制造精度与装配调整精度。例如，用高精密金刚石车刀切削加工的机床主轴的轴端径向跳动量为 0.025 μm 时，才能达到零件加工表面结构 $Ra<0.05$ μm 的要求。在工作转速下，轴系的旋转精度即它的运动精度取决于转速、轴承性能及轴系的动平衡状态。

2）刚度。轴系的刚度反映了轴系组件抵抗静、动载荷变形的能力。载荷为弯矩、转矩时，相应的变形量为挠度、扭转角，而相应的刚度为抗弯刚度和抗扭刚度。轴系受载荷为径向力(如带轮、齿轮上承受的径向力)时,会产生弯曲变形。所以,除强度验算之外,还必须进行刚度验算。

3)抗振性。轴系的振动表现为强迫振动和自激振动两种形式。轴系发生振动的原因有轴系配件质量不匀引起的动不平衡、轴的刚度不足及单向受力等,它们直接影响轴系的旋转精度和寿命。对高速运动的轴系必须通过提高其静刚度和动刚度、增大轴系阻尼比等措施来提高其动态性能,特别是抗振性。

4)热变形。轴系受热会使轴伸长或使轴系零件间隙发生变化,影响整个传动系统的传动精度、旋转精度及位置精度。由于温度的上升也会使润滑油的黏度发生变化,使滑动或滚动轴承的承载能力降低。因此,应采取措施将轴系部件的温升限制在一定范围之内。

5)轴上零件的布置。轴上传动件的布置是否合理对轴的受力变形、热变形及振动影响较大。因此,在通过带轮将运动传入轴系尾部时,应该采用卸荷式结构,使带的拉力不直接作用在轴端;传动齿轮应尽可能安置在靠近支承处,以减少轴的弯曲和扭转变形;如主轴上装有两对齿轮,均应尽量靠近前支,并使传递扭矩大的齿轮副更靠近前支,使主轴受扭转部分的长度尽可能缩短;在传动齿轮的空间布置上,也应尽量避免弯曲变形的重叠。例如,机床主轴不仅受切削力还受传动齿轮的圆周力(均可等效为轴心线上的径向力)的作用。如按图 2-20(a)布置,当传动齿轮 1 和 2 的圆周力 F_2 与作用在轴端的切削力 F_1 同向时,轴端弯曲变形量($\Delta=\Delta_1-\Delta_2$)较小,而前轴承的支承力 F_R 最大;如按图 2-20(b)布置,其 F_2 与 F_1 反向,轴端变形量($\Delta=\Delta_1+\Delta_2$)最大,但前轴承的支承反力 F_R 最小。因此,在设计中,要综合考虑这些因素的影响。

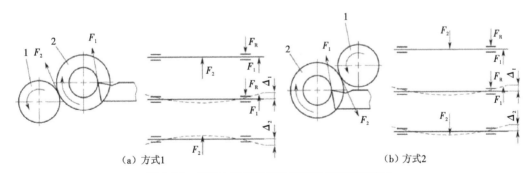

（a）方式1　　　　　　　　　　　　　　　　（b）方式2

图 2-20　机床主轴传动齿轮的两种空间布置方式

1. 轴系用轴承的类型与选择

轴系组件所用的轴承有滚动轴承和滑动轴承两大类。下面重点对滚动轴承进行介绍。

滚动轴承是一种应用广泛的机械支承部件。滚动轴承主要由滚动体内圈、外圈和保持架组成,用于支承轴及轴上的零件,并与机座做相对旋转、摆动等运动,以求在较小的摩擦力矩下,达到传递功率的目的。

滚动轴承有许多种类,尽管已有相关 ISO、GB 标准并已经实现了标准化,但其尺寸范围仍然很宽,因此给选择合适的轴承带来了困难。在轴系设计过程中选择轴承时,应该考虑以下几点。

1)满足使用性能要求,包括承载能力、旋转精度、刚度及转速等。

2)满足安装空间要求。

3)维护保养方便。

4)使用环境,如温度、湿度等对轴承的影响。

5)性价比。

在选择轴承时,首先可根据需要选择轴承的类型,同时考虑轴承的组合条件,选择流程如图 2-21 所示。滚动轴承所受载荷的大小、方向和性质是选择滚动轴承类型的主要依据。一般情况下,滚动轴承比球轴承负荷能力强。各种滚动轴承的径向和轴向承载能力比较如图 2-22 所示。

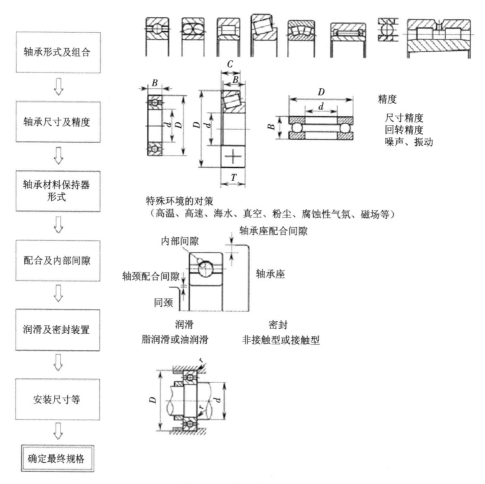

图 2-21　轴承选用流程

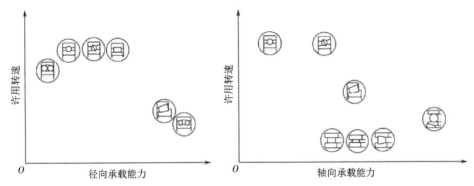

图 2-22　各种滚动轴承的径向和轴向承载能力比较

2. 常用几种主轴滚动轴承配置

几种典型主轴滚动轴承的配置形式及工作性能见表 2-9。

表 2-9　常见主轴滚动轴承配置形式及工作性能

序号	轴承配置形式	前支承轴承型号		后支承轴承型号		前支承承载能力		刚度		振摆		温升		极限转速	热变形前端位移
		径向	轴向	径向	轴向	径向	轴向	径向	轴向	径向	轴向	总的	前支承		
1		NN 3000	230000	NN 3000	—	1.0	1.0	1.0	1.0	1.0	1.0	1.0	1.0	1.0	1.0
2		NN 3000	5100 (2个)	NN 3000	—	1.0	1.0	0.9	3.0	1.0	1.0	1.15	1.2	0.65	1.0
3		NN 3000		30000 (2个)	—		0.6		0.7		1.0	0.6	0.5	1.0	3.0
4		3000	—	3000	—	0.8	1.0	0.7	1.0	1.0	1.0	0.8	0.75	0.6	0.8
5		3500		3000		1.5	1.0	1.13	1.0	1.0	1.0	1.4	1.4	0.6	0.8
6		30000 (2个)	—	30000 (2个)	—	0.7	0.7	0.45	1.0	1.0	1.0	0.7	0.5	1.2	0.8
7		30000 (2个)	—	30000 (2个)	—	0.7	1.0	0.35	2.0	1.0	1.0	0.7	0.5	1.2	0.8
8		30000 (2个)	5100	30000	8000	0.7	1.0	0.35	1.5	1.0	1.0	0.85	0.7	0.75	0.8
9		84000	5100	84000	8000	0.6	1.0	1.5	1.0	1.0	1.0	1.1	1.0	0.5	0.9

注：设这些主轴组件结构尺寸大致相同，并将第 1 种形式的工作性能指标均设为 1.0，其他形式的性能指标值均以第 1 种形式的轴承配置为参考。

3. 其他轴承

（1）非标滚动轴承

非标滚动轴承适用于对轴承精度要求较高、结构尺寸较小,或因特殊要求而未能采用标准轴承而需自行设计的情形。图 2-23 所示为微型滚动轴承的结构。图 2-23(a)和(b)所示的微型滚动轴承具有杯形外圈而没有内圈,锥形轴颈与滚珠直接接触,其轴向间隙由弹簧或螺母调整;图 2-23(c)所示的微型滚动轴承采用碟形垫圈来消除轴向间隙,垫圈的作用力比作用在轴承上的最大轴向力大 2~3 倍。

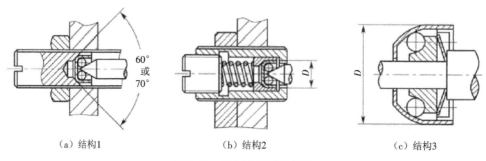

(a)结构1   (b)结构2   (c)结构3

图 2-23   三种微型滚动轴承

(2)静压轴承

滑动轴承的阻尼性能好、支承精度高,具有良好的抗振性和运动平稳性。按照流体介质的性质,目前使用的滑动轴承有液体滑动轴承和气体滑动轴承两大类。按油膜和气膜压强的形成方法又有动压、静压和动静压相结合的轴承之分。

动压轴承是在轴旋转时,油(气)被带入轴与轴承所形成的楔形间隙中,由于间隙逐渐变窄,使压强升高,将轴浮起而形成油(气)楔,以承受载荷。其承载能力与滑动表面的线速度成正比,低速时承载能力很低。故动压轴承只适用于速度很高且速度变化不大的场合。

静压轴承是利用外部供油(气)装置将具有一定压力的液(气)体通过油(气)孔送入轴套油(气)腔,形成压力油(气)膜而将轴浮起,以承受载荷。其承载能力与滑动表面的线速度无关,故广泛应用于低中速、大载荷、高精度的机器。静压轴承具有刚度大、精度高、抗振性好、摩擦阻力小等优点。

液体静压轴承的工作原理如图 2-24 所示。

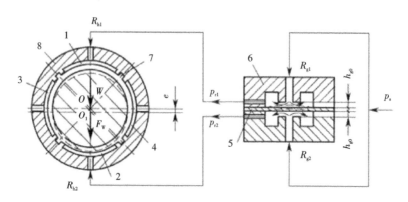

图 2-24   液体静压轴承工作原理

1、2、3、4—油腔;5—金属薄膜;6—圆盒;7—回油槽;8—轴套。

（3）磁悬浮轴承

磁悬浮轴承是利用磁场力使轴不受机械摩擦、无润滑地悬浮在空间中的一种新型轴承,其工作原理如图 2-25 所示。径向磁悬浮轴承由转子 4（转动部件）和定子 6（固定部件）两部分组成。定子部分装上电磁体,保持转子悬浮在磁场中。转子转动时,由位移传感器 5 检测转子的偏心,并通过反馈与基准 1（转子的理想位置）进行比较,调节器 2 根据偏差信号进行调节,并把调节信号送到功率放大器 3 以改变电磁体（定子）的电流,从而改变磁悬浮力的大小,使转子恢复到理想位置。

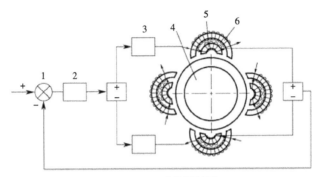

图 2-25　磁悬浮轴承

1—基准;2—调节器;3—功率放大器;4—转子;5—位移传感器;6—定子。

轴向磁悬浮轴承的工作原理与径向磁悬浮轴承相同。

2.3　导轨

1. 导轨副的种类及基本要求

各种机械在运行时,由导轨副保证执行件按正确运动轨迹运动,其影响执行件的运动特性。导轨副包括运动导轨和支承导轨两部分。支承导轨用以支承和约束运动导轨,使之按功能要求做正确的运动。

（1）按运动导轨的轨迹分类

1）直线运动导轨副。其支承导轨约束了运动导轨的五个自由度,仅保留沿给定方向的直线移动自由度。

2）旋转运动导轨副。其支承导轨约束了运动导轨的五个自由度,仅保留绕给定轴线的旋转运动自由度。

（2）按导轨副导轨面间的摩擦性质分类

1）滑动摩擦导轨副。

2）滚动摩擦导轨副。

3）流体摩擦导轨副。

（3）按导轨副结构分类

　　1）开式导轨。其必须借助运动件的自重或外载荷,才能保证在一定的空间位置和受力状态下,运动导轨和支承导轨的工作面保持可靠的接触,从而保证运动导轨按规定的轨迹运动。开式导轨一般受温度变化的影响较大。

　　2）闭式导轨。其借助导轨副本身的封闭式结构,保证在变化的空间位置和受力状态下,运动导轨和支承导轨的工作面都能保持可靠的接触,从而保证运动导轨按规定的轨迹运动。闭式导轨一般受温度变化的影响较小。

　　（4）按直线运动导轨副的基本截面形状分类

　　直线运动导轨副的支承导轨有凸形和凹形两种,截面形状包括矩形、三角形、燕尾形等,如图 2-26 所示。

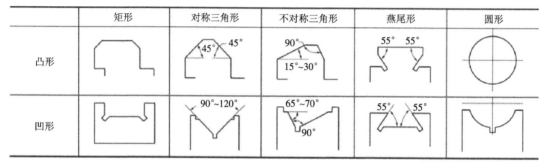

图 2-26　导轨的截面形状

　　1）矩形导轨。矩形导轨的导轨面上的支反力与外载荷相等,承载能力较大,承载面(顶面)和导向面(侧面)分开,精度保持性较好,加工维修较方便。凹形矩形导轨易存润滑油,但也易积灰尘和污物,必须进行防护。

　　2）三角形导轨。三角形导轨的导轨面上的支反力大于载荷,使摩擦力增大,承载面与导向面重合,磨损量能自动补偿,导向精度较高;顶角在 90° ±30° 范围内变化,顶角越小,导向精度越高,但摩擦力也越大,故小顶角用于轻载精密机械,大顶角用于大型机械。凹形与凸形三角形导轨的作用同前,凹形三角形导轨也称 V 形导轨。

　　3）燕尾形导轨。燕尾形导轨在承受颠覆力矩的条件下高度较小,用于多坐标多层工作台,使总高度减小,但其加工维修较困难。凹形与凸形燕尾形导轨的作用同前。

　　4）圆形导轨。圆形导轨制造方便,外圆采用磨削,内孔经过研磨可达到精密配合,但磨损后很难调整和补偿间隙。圆形导轨有两个自由度,适用于同时做直线运动和转动的场合。若要限制转动,可在圆柱表面开键槽或加工出平面,但这样不能承受大的扭矩,也可采用双圆形导轨。圆形导轨通常用于承受轴向载荷的场合。

　　矩形导轨、三角形导轨、燕尾形导轨的截面形状均由直线组成,其又统称为棱柱面导轨。

　　（5）导轨副的组合形式

　　1）双矩形组合。各种机械执行件的导轨一般由两条导轨组合,高精度或重载下才考虑两条以上的导轨组合。两条矩形导轨的组合突出了矩形导轨的优缺点。侧面导向有以下两种组合:宽式组合,两导向侧面间的距离大,承受力矩时产生的摩擦力矩较小,为考虑热变形,导向面间隙较大,影响导向精度;窄式组合,两导向侧面间的距离小,导向面间隙较小,承受力矩时产生的摩擦力矩较大,可能产生自锁。

2)双三角形组合。两条三角形导轨的组合突出了三角形导轨的优缺点。这种组合的工艺性差,主要用于高精度机械。

3)矩形 – 三角形组合。这种组合形式的导向性优于双矩形组合,承载能力优于双三角形组合,工艺性介于二者之间,应用广泛。但要注意:若两条导轨上的载荷相等,则摩擦力不等,会导致磨损量不同,破坏两导轨的等高性。结构设计时应注意:一方面要在两导轨面上摩擦力相等的前提下使载荷非对称布置;另一方面要使牵引力通过两导轨面上摩擦力合力的作用线。若因结构布置等原因不能做到上述两点,则应使牵引力与摩擦力合力形成的力偶尽量小。

4)三角形 – 平面导轨组合。这种组合形式的导轨具有三角形 – 矩形组合导轨的基本特点,但由于没有闭合导轨装置,因此只能用于受力向下的场合。对于三角形 – 矩形、三角形 – 平面组合导轨,由于三角形 – 矩形(或平面)导轨的摩擦阻力不相等,因此在布置牵引力的位置时,应使导轨的摩擦阻力的合力与牵引力在同一直线上,否则就会产生力矩,使三角形导轨发生对角接触,影响运动件的导向精度和运动的灵活性。

5)燕尾形组合。燕尾形组合导轨的特点是制造、调试方便。燕尾形 – 矩形组合导轨兼有调整方便和能承受较大力矩的优点,多用于横梁、立柱和摇臂等处。

(6)导轨副应满足的基本要求

1)导向精度。导向精度主要是指动导轨沿支承导轨运动的直线度或圆度。影响它的因素有导轨的几何精度、接触精度、结构形式、刚度、热变形、装配质量,以及液体动压和静压导轨的油膜厚度、油膜刚度等。

2)耐磨性。耐磨性反映导轨在长期使用过程中保持一定的导向精度的能力。因导轨在工作过程中难免有所磨损,所以应力求减小磨损量,并在磨损后能自动补偿或便于调整。

3)疲劳和压溃。导轨面由于过载或接触应力不均匀而使导轨表面产生弹性变形,反复运行多次后就会形成疲劳点,疲劳位置会有塑性变形,表面形成龟裂、剥落而出现凹坑,这种现象就是压溃。疲劳和压溃是滚动导轨失效的主要原因,因此应控制滚动导轨承受的最大载荷和受载的均匀性。

4)刚度。导轨受力变形会影响导轨的导向精度及部件之间的相对位置,因此导轨应有足够的刚度。为减轻或平衡外力的影响,可采用加大导轨尺寸或添加辅助导轨的方法提高刚度。

5)低速运动平稳性。做低速运动时,作为运动部件的动导轨易产生"爬行"现象。低速运动的平稳性与导轨的结构和润滑、动静摩擦系数的差值和导轨的刚度等有关。

6)结构工艺性。设计导轨时,要注意制造、调整和维修的方便,力求结构简单,工艺性及经济性好。

2. 导轨副间隙调整

为保证导轨正常工作,导轨滑动表面之间应保持适当的间隙。间隙过小,会增大摩擦阻力;间隙过大,会降低导向精度。导轨的间隙如依靠刮研来保证,需要很大的劳动量,而且导轨经长期使用后,会因磨损而增大间隙,需要及时调整,故导轨应有间隙调整装置。矩形导轨需要在垂直和水平两个方向上调整间隙。

常用的调整方法有压板法和镶条法两种。对燕尾形导轨可采用镶条(垫片)方法同时调整垂直和水平两个方向的间隙,如图2-27所示。对矩形导轨可采用修刮压板、调整垫片的厚度或调整螺钉的方法进行间隙的调整,如图2-28所示。

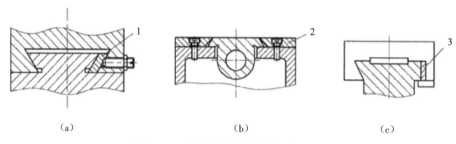

图 2-27　燕尾形导轨的间隙调整方法
1—斜镶条;2—压板;3—直镶条。

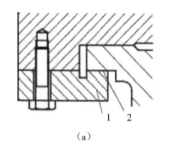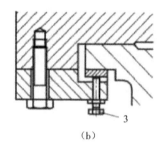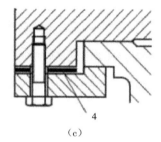

图 2-28　矩形导轨垂直方向间隙的调整方法
1—压板;2—接合面;3—调整螺钉;4—调整垫片。

3. 滚动导轨副

(1)滚动导轨的特点

1)滚动直线导轨副是在滑块与导轨之间放入适当的钢珠,使滑块与导轨之间的滑动摩擦变为滚动摩擦,大大降低二者之间的运动摩擦阻力,从而获得以下特性。

①动、静摩擦力之差很小。

②随动性极好,即驱动信号与机械动作滞后的时间间隔极短,有益于提高数控系统的响应速度和灵敏度。

③驱动功率大幅度下降,只相当于普通导轨的1/10。

④与 V 形十字交叉滚子导轨相比,摩擦阻力可下降为1/40左右。

⑤适应高速直线运动,其瞬时速度比滑动导轨提高约10倍。

⑥能实现高定位精度和重复定位精度。

⑦能实现无间隙运动,提高机械系统的运动刚度。

2)承载能力大。滚动导轨副的滚道采用圆弧形式,增大了滚动体与圆弧滚道的接触面积,从而大大提高了导轨的承载能力,可达平面滚道形式的 13 倍。采用合理比值的圆弧沟槽,接触应力小,承载能力及刚度比平面与钢球点接触时大大提高,滚动摩擦力比双圆弧滚道有明显降低。

3)刚性强。在制造滚动直线导轨时,常需要预加载荷,这使导轨系统的刚度得以提高。所以,滚动直线导轨在工作时,能承受较大的冲击和振动。

4)寿命长。由于是纯滚动,摩擦系数为滑动导轨的 1/50 左右,磨损小,因而寿命长、功耗低,便于实现机械小型化。

5)成对使用导轨副时,具有"误差均化效应",从而降低基础件(导轨安装面)的加工精度要求,降低基础件的机械制造成本与难度。

6)传动平稳可靠。由于摩擦力小,动作轻便,因而定位精度高,微量移动灵活准确。

7)具有结构自调整能力。装配调整容易,因此降低了对配件的加工精度要求。

8)导轨采用表面硬化处理,具有良好的耐磨性,有助于保持良好的机械性能。

9)简化了机械结构的设计和制造。

(2)滚动直线导轨的分类

1)按滚动体形状分类,滚动直线导轨有钢珠式和滚柱式两种,如图 2-29 所示。滚柱式滚动直线导轨由于为线接触,故其有较高的承载能力,但摩擦力也较大,同时加工、装配也相对复杂。目前,使用较多的是钢珠式滚动直线导轨。

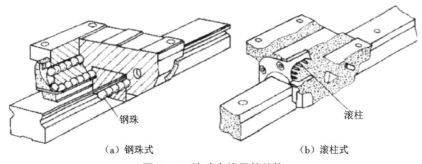

（a）钢珠式　　　　　　　　　（b）滚柱式

图 2-29　滚动直线导轨结构

2)按导轨截面形状分类,滚动直线导轨有矩形和梯形两种,如图 2-30 所示。图 2-30(a)所示为矩形截面式,承载时其各方向受力大小相等;图 2-30(b)所示为梯形截面式,这种导轨能承受较大的垂直载荷,而其他方向的承载能力较低,但其对于安装基准误差的调节能力较强。

3)按滚道沟槽形状分类,滚动直线导轨有单圆弧和双圆弧两种,如图 2-31 所示。单圆弧沟槽为二点接触,如图 2-31(a)所示;双圆弧沟槽为四点接触,如图 2-31(b)所示。前者运动摩擦和安装基准平均作用比后者要小,但前者的静刚度比后者稍差。

常用的滚动直线导轨副如图 2-32 所示。图 2-33 所示为 GGB 系列直线滚动导轨型号编制规则。

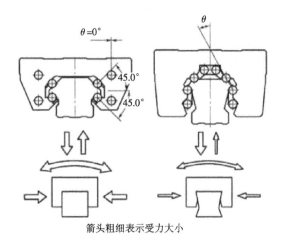

箭头粗细表示受力大小

（a）矩形截面式　　　　　　（b）梯形截面式

图 2-30　滚动直线导轨截面形状

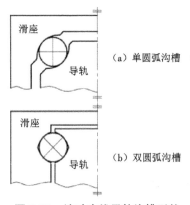

（a）单圆弧沟槽

（b）双圆弧沟槽

图 2-31　滚动直线导轨沟槽形状

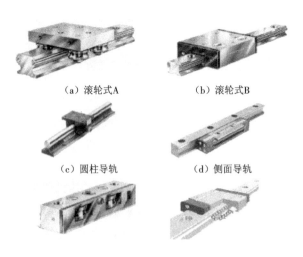

（a）滚轮式A　　　　　　　（b）滚轮式B

（c）圆柱导轨　　　　　　　（d）侧面导轨

（e）滚轮轴承单元　　　　　（f）滚珠式

图 2-32　滚动直线导轨副结构形式

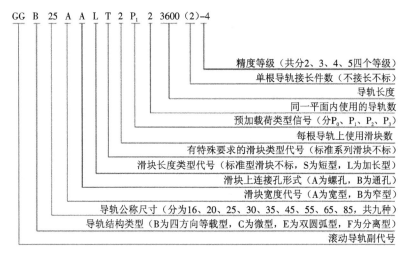

图 2-33 GGB 系列直线滚动导轨型号编制规则

2.4 支承件设计与选择

支承件是机电一体化设备中的基础部件。设备的零部件安装在支承件上或在支承件的导轨面上运动。所以,支承件既起支承作用,承受其他零部件的重量,并在其上保持相对的运动,又起基准定位作用,保证部件间的相对位置。因此,支承件是机械设备中十分重要的零部件。

1. 支承件设计的基本要求

(1)应具有足够的刚度和抗振性

支承件的自重、其他零部件的重量以及运动部件惯性力的作用使支承件本身或与其他零部件的接触表面发生变形。若变形过大会影响设备的精度或工作时产生振动。为了减小受力变形,支承件应具有足够的刚度。

刚度是抵抗弹性变形的能力,分为静刚度和动刚度。抵抗恒定载荷导致变形的能力称为静刚度;抵抗交变载荷导致变形的能力称为动刚度。如果基础部件的刚性不足,则在工件的重力、夹紧力、摩擦力、惯性力和工作载荷等的作用下,其就会产生变形、振动或爬行,而影响产品定位精度、加工精度及其他性能。

机座或机架的静刚度,主要是指它们的结构刚度和接触刚度。动刚度与静刚度、材料阻尼及固有振动频率有关。在共振条件下的动刚度 K_{ω} 可表示为

$$K_{\omega} = 2K\xi = 2K\frac{B}{\omega_n}$$

式中 K——静刚度(N/m);

   ξ——阻尼比;

   B——阻尼系数;

   ω_n——固有振动频率(1/s)。

动刚度是衡量抗振性的主要指标，在一般情况下，动刚度越大，抗振性越好。抗振性是指抵抗受迫振动的能力。受迫振动的振源可能存在于系统（或产品）内部，如驱动电动机转子或转动部件旋转时产生的不平衡惯性力等；振源也可能来自设备的外部，如邻近的机械设备、运行车辆、人员活动等。

抗振性包括两方面的含义：一是抵抗受迫振动的能力，即能限制受迫振动的振幅不超过允许值的能力；二是抵抗自激振动的能力。振动会对机械系统的性能产生影响，如机床在进行切削过程中，切削力的变化或外界的激振，使机床产生不允许的振动，影响其加工质量，严重时甚至使其不能进行工作。机械设备的刚度与抗振性有一定的关系，如果刚度不足，则容易产生振动。

（2）应具有较小的热变形和热应力

机械设备在工作时，由于传动系统中的齿轮、轴承及导轨等因摩擦而产生的热量，电动机、强光灯、加热器等热源散发出的热量，都将传到支承件上，由于热量分布、散发的不均匀，支承件各处温度不同，由此产生热变形，影响系统原有精度。对于数控机床及其他精密机床，热变形对机床的加工精度有极其重要的影响。因此，在设计这类设备时，应予以足够的重视。

（3）耐磨性

为了使设备能持久地保持其精度，支承件上的导轨应具有良好的耐磨性。因此，对导轨的材料、结构和形状、热处理、保护和润滑等应做周密的考虑。

（4）结构工艺性及其他要求

设计支承件时，还应考虑毛坯制造、机械加工和装配的结构工艺性。正确地进行结构设计和必要的计算可以保证用最少的材料达到最佳的性能指标，并达到缩短生产周期、降低造价、操作方便、搬运装吊安全等目标。

2. 支承件的结构

（1）选取有利的截面形状

为了保证支承件的刚度和强度，减轻质量和节省材料，必须根据设备的受力情况，选择合理的截面形状。支承件承受载荷的情况虽然复杂，但不外乎拉、压、弯、扭四种形式及其组合。当受弯曲和扭转载荷时，支承件的变形不但与截面面积大小有关，而且与截面形状，即与截面的惯性矩有很大的关系。表 2-10 中列出了各种截面形状的抗弯和抗扭惯性矩。

表 2-10　各种截面形状的抗弯和抗扭惯性矩（截面面积为 10 000 mm²）

截面形状（mm）	惯性矩计算值（cm⁴） 惯性矩相对值		截面形状（mm）	惯性矩计算值（cm⁴） 惯性矩相对值	
	抗弯	抗扭		抗弯	抗扭
$\phi 113$	$\dfrac{800}{1.0}$	$\dfrac{1\ 600}{1.0}$	100 × 100	$\dfrac{833}{1.04}$	$\dfrac{1\ 400}{0.88}$

续表

截面形状(mm)	惯性矩计算值(cm⁴) 惯性矩相对值		截面形状(mm)	惯性矩计算值(cm⁴) 惯性矩相对值	
	抗弯	抗扭		抗弯	抗扭
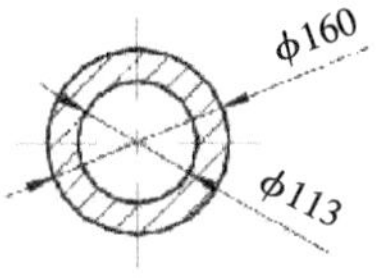 φ160 φ113	$\dfrac{2\,420}{3.02}$	$\dfrac{4\,840}{3.02}$	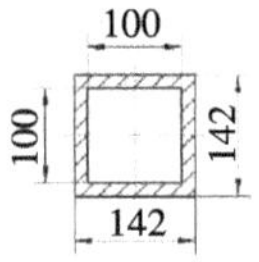 100 100 142 142	$\dfrac{2\,563}{3.21}$	$\dfrac{2\,040}{1.27}$
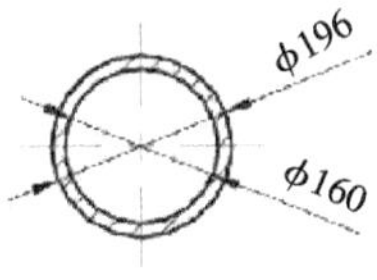 φ196 φ160	$\dfrac{4\,030}{5.04}$	$\dfrac{80\,600}{5.04}$	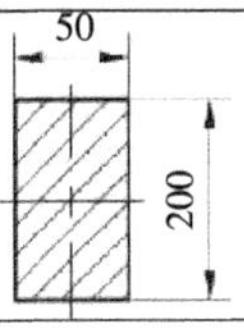 50 200	$\dfrac{3\,333}{4.17}$	$\dfrac{680}{0.43}$
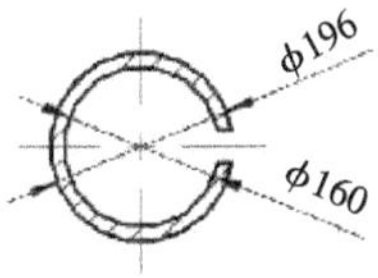 φ196 φ160	—	$\dfrac{108}{0.07}$	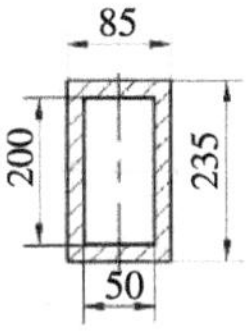 85 200 235 50	$\dfrac{5\,867}{7.35}$	$\dfrac{1\,316}{0.82}$
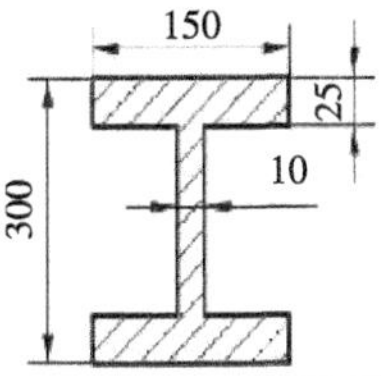 150 25 300 10	$\dfrac{15\,517}{19.4}$	$\dfrac{1\,600}{1.0}$	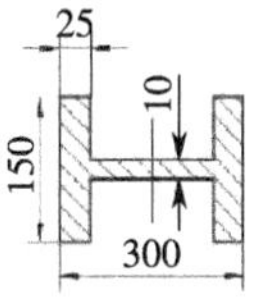 25 10 150 300	$\dfrac{2\,720}{3.4}$	—

（2）设置隔板和加强筋

设置隔板和加强筋是提高刚度的有效方法。特别是当截面无法封闭时,必须用隔板（指连接支承件四周外壁的内板）或加强筋来提高刚度。加强筋的作用与隔板有所不同,隔板主要用于提高机体的自身刚度,而加强筋则主要用于提高局部刚度。

图 2-34 所示为隔板和加强筋的布置实例。其中,图 2-34(a)所示为带中间隔板的支承件;图 2-34(b)所示为带加强筋、双层壁结构的支承件;图 2-34(c)所示为带加强筋的圆形截面支承件。

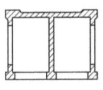 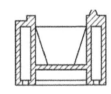

　　（a）带中间隔板　　　（b）带加强筋和双层壁　　　（c）带加强筋

图 2-34　隔板和加强筋的布置方式

常见的加强筋有直形筋、V 形筋、十字筋和米字筋等,如图 2-35 所示。直形筋的铸造工艺最简单,但刚度最小;米字筋的刚度最大,但铸造工艺最复杂。一般负载较小的设备,多采用直形筋。

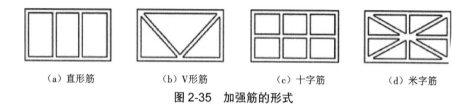

（a）直形筋　　　　（b）V形筋　　　　（c）十字筋　　　　（d）米字筋

图 2-35　加强筋的形式

加强筋的高度可取为壁厚的 4~5 倍,其厚度可取为壁厚的 80% 左右。

（3）选择合理的壁厚

已知铸造支承件的长度 L、宽度 B、高度 H（均以 m 计）,可按下式计算其当量尺寸 C（m）:

$$C = \frac{2L+B+H}{4}$$

然后可根据表 2-11 选择最小壁厚。选择壁厚时,还应考虑具体工艺条件和经济性。选择出的最小壁厚是基本尺寸,局部受力处还可适当加厚,隔板比基本壁厚减薄 1~2 mm,筋板可比基本壁厚减薄 2~4 mm。焊接支承件的壁厚可取铸件壁厚的 60%~80%。

表 2-11　根据当量壁厚选择铸造支承件的最小壁厚

当量尺寸 C（m）	0.75	1.0	1.5	1.8	2.0	2.5	3	3.5	4.5
外壁厚（mm）	8	10	12	14	16	18	20	22	25
隔板或筋厚（mm）	6	8	10	12	12	14	16	18	20

（4）选择合理的结构

合理的结构可提高连接处的局部刚度和接触刚度。在两个平面接触处,由于存在微观不平度,实际接触的只是凸起部分。当受外力作用时,接触点的压力增大,产生一定的变形,这种变形称为接触变形。为了提高连接处的接触刚度,固定接触面的表面结构要求为 $Ra<2.5$ μm,以便增加实际接触面积;固定螺钉应在接触面上产生一个预压力,压强一般为 2 MPa。在工程中,应根据上述两个条件设计固定螺钉的直径和数量以及拧紧螺母的扭矩。图 2-36 所示为三种可以提高连接刚度的结构。

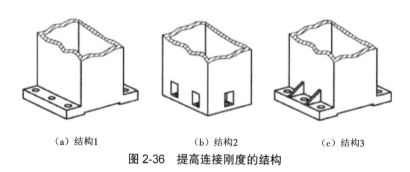

（a）结构1　　　　（b）结构2　　　　（c）结构3

图 2-36　提高连接刚度的结构

3. 焊接支承件的设计

焊接支承件具有许多优点：在刚度相同的情况下可减轻质量 30% 左右；改型快，废品极少；生产周期短；成本低。

焊接机架常采用普通碳素结构钢（如厚薄钢板、角钢、槽钢、钢管等）制成。下面介绍几种典型的接头形式，作为结构设计时的参考。

（1）采用减振接头

为了解决钢板较薄时易产生薄壁振动的缺点，在结构设计时可采取一些消振方法。图 2-37 所示为双层壁板 A 和 B 的减振接头。其中，筋 C 与壁板相接的接触处 D 不焊，冷却后焊缝收缩使 D 处压紧。振动发生时，摩擦力可以消耗振动的能量。

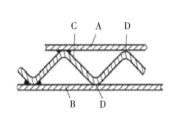
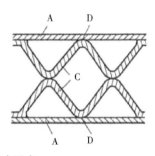

图 2-37　减振接头形式

A、B—壁板；C—筋；D—筋与壁板接触处。

图 2-38 至图 2-41 为常见的几种典型接头形式示意图。

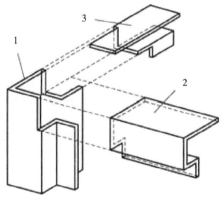

图 2-38　板料接头形式

1—竖梁；2—前横梁；3—左横梁。

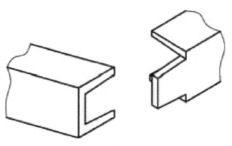

图 2-39　槽钢接头形式

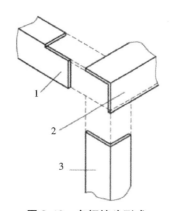

图 2-40　角钢接头形式

1—左横梁;2—前横梁;3—竖梁。

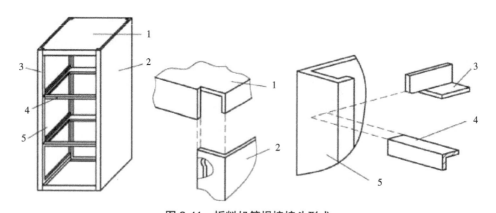

图 2-41　板料机箱焊接接头形式

1—顶板;2—右侧板;3—左横梁;4—前横梁;5—左侧板。

（2）采用合理的结构

为了制造方便,焊接结构应尽量避免圆角。

（3）考虑强度和刚度

布置焊接支件的筋板,除局部截面考虑强度外,主要从刚度的角度进行设计。例如,直形筋板的工艺性好,但其对平行于弯曲平面布置的纵向直形筋来说对抗扭刚度没有作用,如图 2-42 所示。

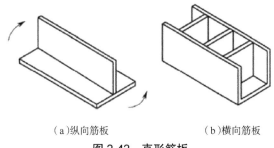

（a）纵向筋板　　　　　　　　（b）横向筋板

图 2-42　直形筋板

　　若要同时提高抗弯和抗扭刚度,可采用斜向筋板,如图 2-43（a）所示。角筋板对提高构件的抗扭刚度效果更为显著,如图 2-43（b）所示。

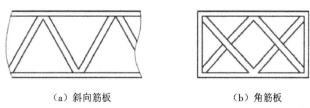

（a）斜向筋板　　　　　　　　（b）角筋板

图 2-43　斜向筋板和角筋板

习题与思考题

　　1）请举例说明常用的传动机构有哪些? 它们各有什么特点?

　　2）请简述消除滚珠丝杠副的轴向间隙的方法。

　　3）梯形齿同步带由哪几部分组成? 各部分的材料是什么?

　　4）请简述导向机构的作用。

　　5）滚动导轨分为哪几类? 请简述滚动导轨的特点。

第3章 驱动系统

3.1 概述

在选择电气传动形式时,主要确定以下四个方面的内容。

1. 传动方式

传动方式,即电动机拖动的方式,是单独拖动还是分立拖动。所谓单独拖动,就是一台设备只用一台电动机,通过机械传动链将动力传送到每个工作机构。所谓分立拖动,就是一台设备由多台电动机分别驱动各工作机构。分立拖动能缩短机械传动链,提高传动效率,便于自动化,是电气传动方式的发展趋势,但也存在着系统协调控制难度大的问题。

2. 调速性能

机械设备对调速性能的要求是由其使用功能决定的,一般可参考下述经验选用调速方案。

1)重型或大型设备的主运动和进给运动应尽可能采用无级调速,以利于简化机械结构,降低制造成本,提高设备利用率。

2)精密机械设备,如坐标镗床、精密磨床、数控机床、加工中心和精密机械手,也应采用无级调速,以保证加工精度和动作的准确性,便于自动控制。

3)对要求具有快速平稳的动态性能和精确定位的设备,如高速贴片机、激光冲裁设备等,应采用步进电动机或伺服电动机等。

4)对一般中小型设备,如没有特殊要求的普通机床,应选用简单、经济、可靠的三相笼式异步电动机,配以适当级数的齿轮变速器。

3. 负载特性

工作机械的负载转矩和转速之间的函数关系,称为负载的转矩特性。一般来说,机械设备的各个工作机构的负载性质不同,转矩特性也不同,如机床的主运动为恒功率负载,而进给运动为恒转矩负载。电动机的调速性质,主要是指它在整个调速范围内转矩、功率和转速的关系,容许恒功率输出还是恒转矩输出,电动机的调速性质必须与工作机械的负载特性相适应。

4. 起动、制动与反向要求

机械设备的各个工作机构,对起动、制动与反向的要求各不相同,因而需要不同的形式。一般选用的形式如下。

（1）实现方法

由电动机完成起动、制动与反向，一般要比机械方法简单，因此对于起动、停止、正反转运动和调整操作等，只要条件允许，最好由电动机完成。

（2）起动方式

对于起动转矩较小的场合，如一般机床的主运动系统，原则上可采用任何一种起动方式。对于起动时要克服较大静转矩的场合，如机床辅助运动，在必要时也可选用高起动转矩的电动机或采用提高起动转矩的措施。对于电网容量不大而电动机的起动电流较大的场合，要采取限制起动电流的措施，如串入电阻降压起动等，以免电网电压波动过大造成事故。

（3）制动方式

传动电动机是否需要制动，视机械设备工作循环的长短而定。对于某些高效高速设备，为便于测量、装卸工件或更换工具，宜用电动机制动；若要求迅速制动，可采用反接制动；若要求制动平稳、准确，则宜采用能耗制动等。

（4）反向方式

龙门刨床、电梯等设备常要求起动、制动和反向快速且平稳，而有些机械臂、数控机床、坐标镗床除要求起动、制动和反向快速且平稳外，还要求准确定位。这类对动态性能要求高的设备，需采用反馈控制方式、步进控制方式及其他控制方式。

3.2　电动机的选择

机械设备的运动多由电动机驱动，因此正确选择电动机具有重要意义。选择电动机的目标是符合机械设备的使用条件，即由具体的驱动对象和工作要求来决定。下面介绍机电一体化系统中常用的电动机。

3.2.1　电动机结构形式的选择

根据环境条件选择电动机的结构形式。

1）在正常环境条件下，一般采用防护式电动机，只有在人员和设备的安全有保障的条件下，才能采用开启式电动机。

2）在空气中粉尘较多的场所，宜用封闭式电动机。

3）在湿热带地区或比较潮湿的环境中，尽量采用湿热带型电动机。若用普通型电动机，应采取相应的防潮措施。

4）在露天场所，宜采用户外型电动机。若有防护措施，也可采用封闭式电动机。

5）在高温环境中，应根据环境温度，选用相应绝缘等级的电动机，并加强通风以改善电动机的工作条件，加大电动机的工作容量使其具备一定的温升裕量。

6）在有爆炸危险的场所，应选用防爆型电动机。

7）在有腐蚀性气体的场所，应选用防腐式电动机。

3.2.2　电动机类型的选择

电动机的类型是指电动机的电压级别、电流类型、转速特性和工作原理。选择电动机类型的依据是机械设备的负载特性,即在经济的前提下满足机械设备在工作速度、机械特性、速度调节、起制动特性等方面的要求。下面将注意事项归纳如下。

1)不需要调速的机械,应优先选用笼式异步电动机。

2)对于负载周期性波动的长期工作机械,为了削平尖峰负载,一般采用带飞轮的电动机。

3)需要补偿电网功率因数及获得稳定的工作速度时,优先选用同步电动机。

4)只需要几种速度,但不要求调节速度时,选用多速异步电动机。

5)需要大的起动转矩和恒功率调速的机械(如电车、牵引车等),宜用直流串励电动机。

6)对起动、制动和调速要求较高的机械,可选用直流电动机或带调速装置的交流电动机。

7)电动机结构形式应当适应机械结构的要求,使用凸缘或内联式电动机可在一定程度上改善机械结构。

3.2.3　电动机转速的选择

电动机的转速越低,体积越大,价格越高,功率因数和效率越低。电动机的转速应适合机械的要求。另外,应注意电动机转速是有档次的,如在市电标准频率作用下,由于磁极对数不同,异步电动机的同步转速有 3 000 r/min、1 500 r/min、1 000 r/min、750 r/min、600 r/min 等几种。由于存在转差率,其实际转速比同步转速一般低 2%~5%。基于上述理由,选择电动机转速的方法如下。

1)对于不需要调速的高、中转速机械,一般选用相应转速的电动机,以便与机械转轴直接相连接。

2)对于不需要调速的低转速机械,一般选用稍高转速的电动机,通过减速机构来传动,但电动机转速不宜过高,以免增加减速的难度和成本。

3)对于需要调速的机械,电动机的最高转速应与机械的最高转速相适应,连接方式可以直接传动或者通过减速机构传动。

3.2.4　电动机容量的选择

电动机容量反映它的负载能力,如果容量选得过太,虽然能保证电机正常工作,但电动机长期不能满载,用电效率和功率因数均低,不但提高了设备成本,而且增加了运行费用;如果容量选得过小,生产效率又不能充分发挥,长期过载将导致电动机过早损坏。

电动机容量的选择有两种方法:调查统计类比法和分析计算法。

1. 调查统计类比法

目前,我国机床的设计制造常采用调查统计类比法来选择电动机容量。这种方法是对电动机拖动的机械设备进行实测、分析,找出电动机容量与设备主要数据的关系,再根据这种关系来选择电动机的容量。

2. 分析计算法

分析计算法是根据机械设备中对机械传动功率的要求,确定拖动用电动机功率。也就是说,知道机械传动的功率,就可计算出电动机功率,即

$$P = \frac{P_1}{\eta_1 \eta_2} = \frac{P_1}{\eta}$$

式中 P——电动机功率;

     P_1——机械传动轴上的功率;

     η_1——生产机械效率;

     η_2——电动机与生产机械之间的传动效率;

     η——机械设备总效率。

电动机的功率,仅是初步确定的依据,还要根据实际情况进行分析,对电动机进行校验,最后确定电动机容量。

3.3 步进电动机及其控制

3.3.1 步进电动机的工作原理

步进电动机是按电脉冲信号运动相应的角位移的电动机。其接收到一个电脉冲信号,电动机就转动一个角度,运动形式是步进式的,而不是连续的,所以称为步进电动机。下面以三相反应式步进电动机为例,介绍步进电动机的工作原理。

三相反应式步进电动机的定子铁芯为凸极式,共有三对磁极(六个凸磁极),每两个空间相对的磁极上绕有一相控制绕组;转子用软磁性材料制成(剩磁很少的铁磁性材料,如硅钢片或纯铁),也是凸极结构,只有四个齿,齿宽等于定子的磁极宽度,如图 3-1 所示。

当 A 相控制绕组通电,其余两相均不通电时,电动机内建立以定子 A 相极为轴线的磁场。由于磁通具有力图走磁阻最小路径的特点,使转子齿 1、3 的轴线与定子 A 相极的轴线对齐,如图 3-1(a)所示。当 A 相控制绕组断电,B 相控制绕组通电时,转子在反应转矩的作用下,逆时针转过 30°,使转子齿 2、4 的轴线与定子 B 相极的轴线对齐,即转子"走了一步",如图 3-1(b)所示。当断开 B 相并使 C 相控制绕组通电时,转子又逆时针转过 30°,使转子齿 1、3 的轴线与定子 C 相极的轴线对齐,如图 3-1(c)所示。如此按 A—B—C—A 的顺序轮流通电,转子就会一步一步地按逆时针方向转动。其转速取决于各相控制绕组通电与断电的频率,旋转方向取决于控制绕组轮流通电的顺序,如按 A—C—B—A 的顺序通电,则电动机按顺时针方向转动。

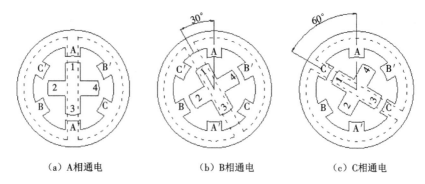

| （a）A相通电 | （b）B相通电 | （c）C相通电 |

图 3-1 三相反应式步进电动机的原理图

上述通电方式称为三相单三拍。"三相"是指三相步进电动机；"单三拍"是指每次只有一相控制绕组通电。控制绕组每改变一次通电状态称为一拍，"三拍"是指改变三次通电状态为一个循环。把每一拍转子转过的角度称为步距角。以三相单三拍运行时，电动机的步距角为30°。显然，这个角度太大，难以实用。

如果把控制绕组的通电顺序改为 A → AB → B → BC → C → CA → A，即第一相通电接着第二相通电间隔地轮流进行，完成一个循环需要经过六次改变通电状态，称为三相单双六拍通电方式。当 A、B 两相绕组同时通电时，转子齿的位置同时受到两对定子极的作用，只有 A 相极和 B 相极对转子齿所产生的磁拉力相平衡的中间位置，才是转子的平衡位置。这样，在三相单双六拍通电方式下，转子的平衡位置增加了一倍，步距角变为15°。

进一步减少步距角的措施是采用定子磁极和转子都带有很多小齿的结构，可以使其步距角很小。在整步方式下，两相步进电动机的步距角可以实现 1.8°、1.5°，三相步进电动机可以实现 1.8°、1.2°，五相步进电动机可以实现 0.72°、0.18°。

无论采用何种运行方式，步距角 θ_b 与转子齿数 z、拍数 N 之间都存在着如下关系：

$$\theta_b = \frac{360°}{zN}$$

既然转子每经过一个步距角相当于转了 $1/(zN)$ 转，若脉冲频率为 f，则转子每秒钟就转了 $f/(zN)$ 转，故转子每分钟的转速为

$$n = \frac{60f}{zN}$$

除了步距角外，步进电动机还有保持转矩、阻尼转矩等技术参数，这些参数的物理意义详见有关步进电动机的专门资料。例如，Kinco 牌 3S57Q-04056 型三相步进电动机的部分技术参数见表 3-1。

表 3-1 3S57Q-04056 型步进电动机的部分技术参数

参数名称	步距角（°）	相电流（A）	保持转矩（N·m）	阻尼转矩（N·m）	电机惯量（kg·cm²）
参数值	1.8	5.8	1.0	0.04	0.3

3.3.2　步进电动机的控制

步进电动机的运行特性和与其配套使用的驱动器有密切关系。驱动器由环形脉冲分配器、功率放大器组成,如图 3-2 所示。驱动器是将变频信号源(微机或数控装置等)送来的脉冲信号及方向信号按照要求的配电方式自动地循环供给步进电动机各相绕组,以驱动电动机转子正反向旋转。从计算机输出口或从环形分配器输出的信号脉冲的电流一般只有几毫安,不能直接驱动步进电动机,必须采用功率放大器将脉冲电流放大,使其增加到几至十几安培。因此,只要控制输入电脉冲的数量和频率就可精确控制步进电动机的转角和转速。

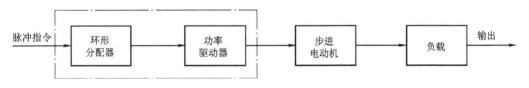

图 3-2　步进电动机的驱动控制原理框图

3.3.3　步进电动机传动机构的设计方法

1. 参数设置

1)设定脉冲当量。步进电动机的步距角为 1.8°,在无细分的条件下 200 个脉冲使电动机转子转一周,在有细分的条件下 10 000 个脉冲旋转一周。如果直线运动组件的同步轮齿距为 5 mm,共 12 个齿,旋转一周的直线运动位移为 60 mm,因此在有细分的条件下,该步进电动机的脉冲当量(每步位移量)为 0.006 mm。

2)设电动机的驱动电流为 5.2 A。

3)设静态锁定方式为静态半流(2.6 A)。

2. 步进电机的失步和越步

失步是指转子前进的步数小于脉冲数。失步严重时,将使转子停留在一个位置上或围绕一个位置振动。由于电动机的绕组本身是感性负载,输入频率越高,励磁电流就越小。频率高,磁通量变化加剧,涡流损失加大。因此,输入频率增高,输出力矩降低。最高工作频率的输出力矩只能达到低频转矩的 40%~50%。进行高速定位控制时,如果指定频率过高,就会出现失步现象。此外,如果机械部件调整不当,会使机械负载增大。步进电动机不能过负载运行,哪怕是瞬间,都会造成失步。

越步是指转子前进的步数大于脉冲数。越步严重时,设备将发生过冲。大惯性设备在进行回原点的操作时,如果到达原点前速度过高,惯性转矩将大于步进电机的保持转矩而使步进电动机越步。其中,保持转矩是指电动机各相绕组通额定电流,且处于静态锁定状态时,电动机所能输出的最大转矩,它是步进电动机最主要的参数之一。因此,进行回原点操作时,应确保转速足够低。急停复位后,应采取先低速返回原点重新校准,再恢复原有操作的方法。

3.3.4　步进电动机的选用

选用步进电动机时,首先计算机械传动装置及负载折算到电动机轴上的等效转动惯量,然后分别计算各种工况下所需的等效力矩,最后根据步进电动机的最大静转矩和起动、运行矩－频特性选择合适的步进电动机。

1. 转矩和惯量匹配条件

为了使步进电动机具有良好的起动能力及较快的响应速度,通常转矩及转动惯量的推荐值分别为

$$T_L/T_m \leqslant 0.5 \quad \text{及} \quad J_L/J_m \leqslant 4$$

式中　T_m——步进电动机的最大静转矩(N·m);

T_L——折算到电动机轴上的负载转矩(N·m);

J_m——步进电动机转子的最大转动惯量(kg·m²);

J_L——折算步进电动机转子上的等效转动惯量(kg·m²)。

根据上述条件,初步选择步进电动机的型号。然后,根据动力学公式检查其起动能力和运动参数。

由于步进电动机的起动矩－频特性曲线是在空载下得到的,检查其起动能力时应考虑惯性负载对起动转矩的影响,即从起动矩－频特性曲线上找出带惯性负载的起动频率,然后再检查其起动转矩和计算起动时间。当在起动惯－矩特性曲线上查不到带惯性负载时的最大起动频率时,可用下式近似计算:

$$f_L = \frac{f_m}{\sqrt{1 + J_L/J_m}}$$

式中　f_L——带惯性负载的最大起动频率(Hz);

f_m——步进电动机本身的最大空载起动频率(Hz);

J_m——步进电动机转子的最大转动惯量(kg·m²);

J_L——换算到步进电动机转子上的转动惯量(kg·m²)。

当 $J_L/J_m = 3$ 时, $f_L = 0.5f_m$;不同 J_L/J_m 下的矩－频特性不同。由此可见, J_L/J_m 比值增大,其最大起动频率减小,加减速时间将会延长,这就失去了快速性,甚至难以起动。

2. 步距角的选择和精度

步距角是按脉冲当量等因素来选择的。步进电动机的步距角精度会影响开环系统的精度和电动机的转角 θ。$\theta = N\beta \pm \Delta\beta$,其中 $\Delta\beta$ 为步距角精度,它是在空载条件下,在 360° 范围内转子从任意位置步进运行时,每隔指定的步数测定的其实际角位移与理论角位移之差(静止角度误差),用正负峰值之间的 1/2 来表示。步距角越小,电动机的精度越好,其范围一般为 ±(3%~5%)β,它不受 N 值的影响,也不会产生累积误差。

3.3.5 步进电动机的接线与应用

不同的步进电动机的接线有所不同，3S57Q-04056 型步进电动机的接线如图 3-3 所示。其中，三个相绕组的六根引出线必须按头尾相连的原则连接成三角形。改变绕组的通电顺序就能改变步进电动机的转动方向。

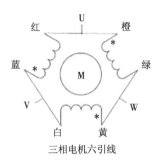

线 色	电机信号
红	U
橙	U
蓝	V
白	V
黄	W
绿	W

三相电机六引线

图 3-3 3S57Q-04056 型步进电动机的接线示意图

步进电动机需要专门的驱动装置（驱动器）供电和控制，如 Kinco 牌 3S57Q-04056 型三相步进电动机的配套驱动器是 Kinco 牌 3M458 型，它的接线图和外观图如图 3-4 所示。该驱动器采用开关稳压电源（DC 24 V，8A）供电；输出相电流为 3.0~5.8 A，输出相电流通过拨动开关设定；采用自然风冷的冷却方式；控制信号输入电流为 6~20 mA，控制信号的输入电路采用光耦隔离。PLC 输出公共端 V_{cc} 采用 DC 24 V 电压供电，所使用的限流电阻 R_1=2 kΩ。

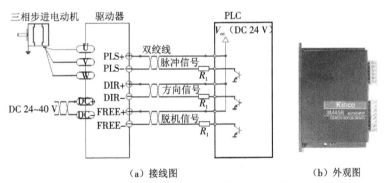

（a）接线图 （b）外观图

图 3-4 Kinco 牌 3M458 型驱动器的典型接线图和外观图

步进电动机驱动器的功能是接收来自控制器（PLC）的一定数量和频率的脉冲信号以及电动机旋转方向的信号，向步进电动机提供三相功率脉冲信号，如图 3-4 所示。

步进电动机驱动器由脉冲（环形）分配器和脉冲放大器两部分组成，分别起向步进电动机的各相绕组分配输出脉冲和功率放大的作用。

脉冲（环形）分配器是一个数字逻辑站，它接收来自控制器的脉冲信号和转向信号，把脉冲信号按一定的逻辑关系分配到每一相脉冲放大器，使步进电动机按选定的运行方式工作。由于步进电动机的各相绕组是按一定的通电顺序并不断循环来实现步进功能的,因此脉冲分配器也称为环形分配器。实现这种分配功能的方法有多种,如可以由双稳态触发器和门电路实现,也可由可编程逻辑器件实现或由 PLC 程序实现。

脉冲放大器的作用是进行脉冲功率放大。因为脉冲(环形)分配器能够输出的电流很小(毫安级),而步进电动机工作时需要较大的电流(安培级),因此需要进行功率放大。此外,驱动器输出的脉冲波形、幅度、波形前沿陡度等对步进电动机的运行性能有重要的影响。3M458 型驱动器采取如下一些措施,有效改善了步进电动机的运行性能。

1)步进电动机的高速性能是通过内部 DC 40 V 驱动电压来实现的。

2)步进电动机的静态半电流功能可大大降低电动机的发热。

3)步进电动机的自由状态功能。为调试方便,驱动器有一对脱机信号输入线(FREE+和 FREE-)(图 3-4)。当这一对信号为 ON 时,驱动器将断开步进电动机的电源回路,使步进电动机处于自由状态;当这一对信号为 OFF 时,步进电动机在上电后,即使静止不动也保持自动半流的锁紧状态。

4)步进电机的细分功能。采用细分驱动方式不仅可以减小步进电动机的步距角,提高分辨率,而且可以减少或消除低频振动,使电动机运行更加平稳。3M458 型驱动器采用交流伺服驱动原理,把直流电压通过脉宽调制技术变为三相阶梯式正弦波形电流,如图 3-5 所示。

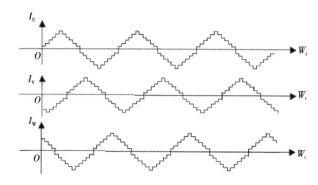

图 3-5 相位差 120° 的三相阶梯式正弦波形电流

阶梯式正弦波形电流按固定时序分别流过三相绕组,其每个阶梯对应电动机转动一步。通过改变驱动器输出正弦电流的频率,可改变电动机转速。输出的阶梯数确定了每步转过的角度,角度越小,其阶梯数就越多,即细分数就越大。从理论上说,此角度可以设得足够小,所以细分数可以很大。3M458 型驱动器最高可达 10 000 步／转的驱动细分功能,细分可以通过拨动驱动器上的双直列直插开关(DIP)开关设定。

在 3M458 型驱动器的侧面连接端子中间,有一个红色的八位 DIP 开关用于功能设定,可以通过该开关设定驱动器的工作方式和工作参数,包括细分、静态电流和运行电流。该DIP 开关的功能划分如图 3-6 所示。表 3-2 和表 3-3 分别为了 3M458 型驱动器的细分设置表和输出电流设置表。

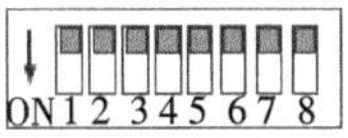

开关序号	ON功能	OFF功能
DIP1~DIP3	细分设置	细分设置
DIP4	静态电流全流	静态电流半流
DIP5~DIP8	电流设置	电流设置

图 3-6　3M458 型驱动器的 DIP 开关功能划分说明

表 3-2　3M458 型驱动器的细分设置表

DIP1	DIP2	DIP3	细分(步/转)
ON	ON	ON	400
ON	ON	OFF	500
ON	OFF	ON	600
ON	OFF	OFF	1 000
OFF	ON	ON	2 000
OFF	ON	OFF	4 000
OFF	OFF	ON	5 000
OFF	OFF	OFF	10 000

表 3-3　3M458 型驱动器的输出电流设置表

DIP5	DIP6	DIP7	DIP8	输出电流(A)
OFF	OFF	OFF	OFF	3.0
OFF	OFF	OFF	ON	4.0
OFF	OFF	ON	ON	4.6
OFF	ON	ON	ON	5.2
ON	ON	ON	ON	5.8

3.4　直流伺服电动机及其控制

直流伺服电动机是用直流电供电的电动机,当它在机电一体化设备中作为驱动元件时,其功能是将输入的受控电压/电流能量,转换为电枢轴上的角位移或角速度输出。

3.4.1　直流伺服电动机的特点

1)稳定性好。直流伺服电动机具有较好的机械性,能在较宽的速度范围内稳定运行。

2)可控性好。直流伺服电动机具有线性调节特性,能使转速正比于控制电压的大小;转向取决于控制电压的极性(或相位);控制电压为零时,转子惯性很小,能立即停止。

3)响应迅速。直流伺服电动机具有较大的起动转矩和较小的转动惯量,在控制信号增加、减小或消失的瞬间,直流伺服电动机能快速起动、快速增速、快速减速或快速停止。

4)控制功率低,损耗小。

5)转矩大。直流伺服电动机广泛应用在宽调速系统和精确位置控制系统中。

3.4.2　直流伺服电动机的分类与结构

直流伺服电动机的品种很多。按励磁方式,直流伺服电动机分为电磁式和永磁式两类。电磁式直流伺服电动机大多是他励磁式直流伺服电动机;永磁式直流伺服电动机和一般永磁直流电动机一样,用铝镍钴等磁材料产生励磁磁场。按结构,直流伺服电动机又分为一般电枢式、无刷电枢式、绕线盘式等。按控制方式,直流伺服电动机又分为电磁控制式和电枢控制式。永磁式直流伺服电动机采用电枢控制方式,电磁式直流伺服电动机多采用电磁控制方式。各种直流伺服电动机的结构特点见表 3-4。

表 3-4　各种直流伺服电动机的结构特点

分　　类		结构特点
普通型	永磁式直流伺服电动机	与普通直流电动机相同,但电枢铁芯长度与直径的比值较大,气隙较小,磁场由永久磁钢产生,无须励磁电源
	电磁式直流伺服电动机	定子通常由硅钢片冲制叠压而成,磁极和磁轭整体相连,在磁极铁芯上套有励磁绕组,其他同永磁式直流电动机
低惯量型	电刷绕组伺服电动机	采用圆形薄板电枢结构,电枢用双面敷铜的胶木板制成,用化学腐蚀或机械刻制的方法加工绕组,绕组导体裸露并呈放射形分布,绕组散热好
	无槽伺服电动机	电枢采用无齿槽的光滑圆柱铁芯结构,电枢绕组直接分布在电枢铁芯表面,用耐热的环氧树脂固化成形,电枢气隙尺寸大,定子采用高电磁的永久磁钢励磁
	空心杯形电枢伺服电动机	电枢绕组用漆包线绕在线模上,再用环氧树脂固化成杯形结构,空心杯电枢内外两侧由定子铁芯构成磁路,磁极采用永久磁钢,安放在外定子上
直流力矩伺服电动机		主磁通为径向盘式结构,长径比一般为 1:5,电枢选用多槽结构,通常定子磁路有凸极式和隐极式
直流无刷伺服电动机		电动机主体由一定极对数的永磁钢转子(主转子)和一个多向的电枢绕组定子(主定子)组成,位置传感器是一种无机械接触地检测转子位置的装置,由传感器转子和传感器定子绕组串联,各功率元件的导通与截止取决于位置传感器的信号

3.4.3　直流伺服电动机工作原理

直流伺服电动机由一个带绕组的转子(也称电枢)和能产生固定磁场的定子组成,其原理如图 3-7 所示。

设定子产生的固定磁场的磁通方向向下,当转子绕组中通过图 3-7 所示方向的直流电时(为说明原理,图中绕组只画了一匝),它与定子磁场产生电磁力。按右手定则,电磁力 F 的方向对上面导线向左,对下面导线向右,使转子以逆时针方向旋转;当转子转过 180° 后,由于转子绕组的直流电是经导电环引入的,所以绕组中的电流方向并未改变,仍为原来方向,因而电磁力方向也不变,使转子能持续不断地旋转。一匝绕组在转子旋转一周时产生的电磁力的大小是变化的。实际的电动机转子上当然不可能只有一匝绕组,而是在转子的圆周上均匀分布了许多的绕组,总的电磁力是这些绕组产生的电磁力的总和。转子上分布的绕组越密,总的电磁力越大,越接近恒定。

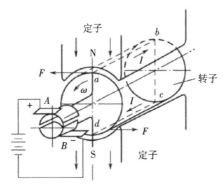

图 3-7　直流伺服电动机工作原理

3.4.4　直流伺服电动机的驱动

直流伺服电动机采用直流供电,为调节电动机的转速和方向,需要对其直流电压的大小和方向进行控制。目前,常用的驱动方式有晶体管脉宽调速驱动和晶闸管直流调速驱动两种方式。晶闸管直流调速驱动方式,主要通过调节触发装置,控制晶闸管的触发延迟角(控制电压的大小)来移动触发脉冲的相位,从而改变整流电压的大小,使直流电动机电枢电压平稳变化,从而易于平滑调速。由于晶闸管本身的工作原理和电源的特点,导通后是利用交流(50 Hz)过零来关闭的,因此在低整流电压时,其输出是很小的尖峰值(三相全波时每秒300 个)的平均值,从而造成电流的不连续。而晶体管脉宽调速驱动系统的开关频率高(通常达 2 000~3 000 Hz),使伺服电动机能够在较宽的频带范围内响应。与晶闸管相比,晶体管的输出电流脉动非常小,接近于纯直流。

由于脉宽调制(Pulse Width Modulation, PWM)式功率放大器中的功率元件,如双极性晶体管、功率场效应管等工作在开关状态,因而功耗低。在直流随动系统中,常用的是采用双极性或单极性工作制的 PWM 放大器。

3.4.5　直流伺服电动机的选择

要根据机电一体化系统对伺服驱动系统的具体要求来选择合适的直流伺服电动机。对于小型、质量轻、运动灵活的工作台,如印制电路板钻孔机床,可以选用小惯量直流伺服电动机,其时间常数很小、动态性能好。除此之外,一般应选用直流力矩伺服电动机(简称力矩电动机,又称直流大惯量伺服电动机)。其特点是转动惯量大、起动转矩大(起动电流可为额定电流的 10 倍),因而转矩 - 惯量比高;低速运行时转矩大,运行平稳。这些特点使力矩电动机不经过齿轮副而与滚珠丝杠直接相连成为可能,不但节省齿轮减速机构,而且可以提高控制精度。因而,对直流伺服电动机的选用主要是对力矩电动机的选用。选择伺服电动机时,主要应考虑转矩和惯量两个方面:一是其稳态转矩和动态转矩应满足要求;二是折合到电动机轴上的负载总转动惯量最好小于电动机的转动惯量。

1. 稳态转矩要求

1)当电动机带动负载在整个调速范围内稳定运行时,折算到电动机轴上的转矩应小于电动机的连续额定转矩,即应保持工作在速度 - 转矩特性曲线上的连续工作区。

2)当电动机处于低速运行或重载荷运行时,电动机可工作在连续工作区。此时应根据载荷工作特性,计算电动机重载工作时间等参数。先根据实际的重负载转矩 T_L' 和电动机的连续额定转矩 T_τ 求出过载倍数 T_d:

$$T_d = \frac{T_L'}{T_\tau}$$

然后根据实际的所带重负载的时间 t_R 在该电动机的载荷工作周期曲线中找到重载与时间比 d,再根据下式计算轻载时间 t_F:

$$t_F = t_R \left(\frac{100}{d} - 1 \right)$$

这样,使该电动机工作在低速或重载荷运行时,就应当限制在重载时间 t_R 以内,必须有 t_F 以上的轻载荷时间,才能保证该电动机的正常运行。

2. 动态转矩要求

在动态过程中,如起动和加速过程中,电动机应满足机电一体化系统的动态性能。此时,主要是计算出加速转矩 T_a。在起动时,起动转矩 T_S 应为

$$T_S = T_L + T_a + T_f$$

式中　T_L——负载转矩;

　　　T_a——加速转矩;

　　　T_f——静摩擦转矩,其是电动机给定的参数。

例如,若加速过程是一个线性过程,则 $\frac{d\omega}{dt}$ 为常数,因而加速转矩 T_a 和 ω 有如下关系:

$$\omega = \int \frac{T_a}{J} dt \quad \text{及} \quad \omega_m = \int_0^h \frac{T_a}{J} dt = \frac{T_a}{J} t_a$$

式中　ω_m——最高角速度;

　　　t_a——从零加速到 ω_m 的时间;

　　　T_a——加速转矩;

　　　J——电动机的转动惯量与折算到电动机轴上的负载转动惯量的总和。

因此,可得

$$T_a = \frac{J}{t_a} \omega_m \quad \text{或} \quad T_a = \frac{2\pi J}{t_a} n_m$$

式中　n_m——最高转速(r/min)。

求出 T_a 以后,就可根据式 $T_S = T_L + T_a + T_f$ 求出总的起动力矩 T_S。

3. 在频繁起动、制动或负载经常变化时的要求

当电动机处于频繁起动、制动或负载经常变化时,电动机的发热比较严重,应根据等热效应准则,使转矩的均方根值小于电动机的连续额定转矩,即

$$\sqrt{\frac{1}{\tau}\int_{\tau}T_t^2\mathrm{d}t} < T_\mathrm{T}$$

式中　τ——整个工作时间或一个周期的时间;

　　　T_t——瞬时转矩;

　　　T_T——连续额定转矩。

3.5　交流伺服电动机及其控制

3.5.1　交流伺服电动机工作原理

本节以感应式交流电动机为例,介绍交流伺服电动机的工作原理。感应式交流电动机由一个能产生旋转磁场的定子和一个金属圆筒形(或金属圆条形)转子组成。当转子处在旋转磁场中时,相当于转子不断地切割磁力线(更确切地说是旋转磁场不断地切割磁力线),设定子的磁场以逆时针方向旋转,则转子相当于以逆时针方向切割磁力线,如图 3-8 所示。若把金属圆筒形转子视为由很多根金属条组成的部件,则根据电磁感应定律可知,圆筒的上半周金属条中产生向内的感应电势,下半周金属条中产生向外的感应电势(均垂直于纸面);在金属条内形成的感应电流和感应电势方向相同。此感应电流与磁场将产生磁力,由右手定则可知,电磁力 F 的方向在转子的上半周向左,转子在此电磁力作用下,也将以逆时针方向(与旋转磁场相同的方向)旋转。当定子的旋转磁场反方向旋转时,转子也将跟着以反方向旋转。

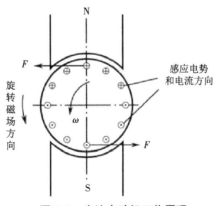

图 3-8　交流电动机工作原理

转子的旋转方向与旋转磁场的旋转方向相同,其旋转速度 n 可表达为

$$n = \frac{60f(1-s)}{p} = (1-s)n_0 \,(\text{r}/\min)$$

式中　f——交流电源频率;

　　　p——磁极对数;

　　　n_0——电动机空载转速, $n_0 = \dfrac{60f}{p}$;

　　　s——转差率, $s = (n_0 - n)/n_0$。

由图 3-8 所示的交流电动机的工作原理可以看出,交流伺服电动机有以下几个特点。

1)交流伺服电动机首先要有一个旋转磁场。旋转磁场是由定子上两个在空间上互相垂直的绕组中通以在相位上相差 90° 的交流电产生的。交流电的圆频率就是旋转磁场的旋转速度(当定子上只有一对磁极时)。

2)使转子旋转的电磁力是转子在旋转磁场中产生的感应电流与旋转磁场作用而产生的,所以这种原理的交流电动机通常也称为感应式电动机。

3)转子的旋转速度总是"跟不上"旋转磁场的速度。因为如果"跟上了",则转子和旋转磁场之间就没有相对运动,也就不再切割磁力线,感应电流和推动转子旋转的电磁力矩也将消失,转子在负载力矩及摩擦力等作用下将会慢下来,转子一慢下来,又将切割磁力线,产生感应电流和电磁力矩,使转子又重新旋转起来,直至产生的电磁力矩与负载力矩相平衡。这时转子达到稳定转速,该转速与旋转磁场的旋转速度总有一个差值,因此这种原理的交流电动机常称为异步电动机。

从交流伺服电动机的原理可知,两个在空间上互相垂直的定子绕组通以幅值相等(当两个绕组的匝数相同时)、相位相差 90° 的交流电,就可以产生圆形旋转磁场。实际应用时,其中一个绕组作为控制绕组,通过改变该绕组中的电压或电流来实现控制。因此,一般来说,这种定子绕组并不满足产生圆形磁场的条件,也就是说,它产生的并不是圆形旋转磁场,而是椭圆形旋转磁场。经分析,椭圆形旋转磁场可以分解成方向相反、大小不同的两个圆形磁场。因而使得交流伺服电动机的各种关系更为复杂,非线性更严重,效率也更低。例如,某台直流伺服电动机的效率为 75%,而与之输入功率差不多的交流伺服电动机的最高效率则超不过 35%。所以,交流伺服电动机只能用在小功率系统中,带动较小的负载。

交流电动机包括同步型电动机和感应型电动机,其基本原理是检测 SM(同步)型和 IM(感应)型的气隙磁场的大小和方向,用电力电子变换器代替整流子和电刷,并通过与气隙磁场方向相同的磁化电流和与气隙磁场方向垂直的有效电流来控制其主磁通量和转矩。

3.5.2　交流伺服电动机驱动与控制

根据下式:

$$n = \frac{60f(1-s)}{p}(\text{r}/\min)$$

感应式电动机的速度控制方法有 3 种。

1）改变加在电动机上的电源频率 f。

2）改变转差率 s，即改变加在电动机上的电源电压。

3）改变电动机的磁极对数 p。

电动机的磁极对数可以制成 1 对、2 对、3 对……，这在电动机出厂时已确定，因此改变电动机磁极对数的速度控制方法是有级速度控制，用于有电动机速度非连续变化控制要求的场合。下面介绍两种速度控制方式。

1. 改变定子电压的速度控制

根据电动机的机械特性，改变输入电压时，其机械特性曲线为一曲线族。改变感应电动机的定子端电压，就可以实现对电动机转速的控制，其基本原理是利用电动机转差率的改变来达到控制速度的目的。改变定子电压调速的优点：速度控制范围为 1∶10；可以进行制动控制（定子绕组中通入直流电流或通入相序反向的交流电流）。其缺点是由于转子输入功率与负载转矩成比例，对于恒转矩负载，由于转矩与速度无关，所以转子损失与转差率 s 成正比，因此随着转速的降低，损失增加，效率降低。

2. 定子频率控制

随着半导体功率器件、微处理器技术的进步，交流变频技术得到迅速发展，其通过改变感应式交流电动机的定子的输入电源频率来达到速度控制的目的。该技术已在工业生产中得到日益广泛的应用。定子频率控制的基本原理是通过调节输入交流电动机定子的电压（或电流）的频率和幅值来控制交流电动机的转速，以满足实际工作的要求。

定子频率控制的对象一般是三相感应式交流电动机，以控制其平均转矩，达到控制交流电动机速度的目的。根据控制原理的不同，交流电动机的定子频率控制一般分为转差频率控制和 V/f（电压－频率比）控制两种。

在交流变频转速控制中，用变频器进行功率变频。但在变频的同时，也必须协调地改变电动机的端电压，否则电动机将出现过励磁或欠励磁。为此，用于交流电气传动中的变频器实际上是变电压（Variable Voltage，VV）变频（Variable Frequency，VF）器，即 VVVF。所以，通常也把这种变频器称为 VVVF 装置或 VVVF。与此对应，还有定压（CV）定频（CF）变频器，称为 CVCF 装置或 CVCF，其通常作为定压定频电源使用。CVCF 可以认为是 VVVF 固定于某一点运行时的一种特殊情况。

VVVF 控制技术分为两种。一种是把 VV 与 VF 分开完成，如图 3-9 所示。其中，把交流电整流为直流电的同时进行相控调压，而后逆变为可调频率的交流电（图 3-9（a））；此外，把交流电整流为直流电后，用 PWM 放大器调压，最后再将直流电逆变成可调频的交流电（图 3-9（b））。总之，图 3-9（a）是改变直流电压的幅值，图 3-9（b）是改变频率。这种前后分开控制的 VVVF 控制技术称为脉冲幅值调制（Pulse Amplitude Modulation，PAM）方式。

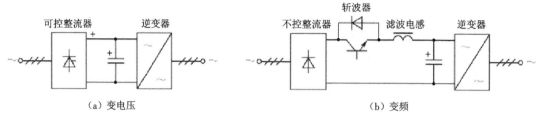

图 3-9　PAM 方式

另一种是将 VV 与 VF 集中于逆变器一起来完成,即前面为不可控整流器,中间的直流电压恒定,而之后由逆变器既完成变频又完成变压,如图 3-10 所示。这种控制技术称为脉冲宽度调制(Pulse Width Modulation,PWM)。目前,大多数工程中均采用 PWM 的方式。

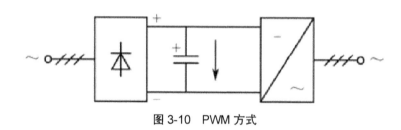

图 3-10　PWM 方式

PWM 控制技术(或称 PWM 波生成法、PWM 法)又有许多种,并且还在不断发展中。但从控制思想上分,可以把它们分成四类,即等脉宽 PWM 法、正弦波 PWM 法(SPWM 法)、磁链追踪型 PWM 法和电流追踪型 PWM 法。

等脉宽 PWM 法是为了克服 PAM 方式中逆变器部分只能输出频率可调的方波电压而不能调压的缺点而发展来的,是 PWM 控制技术中最为简单的一种。在该法中,每一脉冲的宽度均相等,改变脉冲列的周期可以调频,改变脉冲的宽度或占空比可以调压,采用适当控制方法即可使电压与频率协调变化。该法的缺点是输出电压中除基波外,还包含较大的谐波分量。

SPWM 法是为了克服等脉宽 PWM 法的缺点而发展来的。它从电动机供电电源的角度出发,着眼于如何产生一个可调频调压的三相对称正弦波电源,具体方法如图 3-11 所示。SPWM 法是以一个正弦波作为基准波(调制波),用一列等幅的三角波(载波)与基准正弦波相交(图 3-11(a)),由它们的交点确定逆变器的开关模式。当基准正弦波高于三角波时,使相应的开关器件导通;当基准正弦波低于三角波时,使开关器件截止。由此,使逆变器的输出电压波为图 3-11(b)所示的脉冲列。SPWM 法的特点是在半个周期中各脉冲列等距、等幅(等高)、不等宽(可调),总是中间的脉冲宽,两边的脉冲窄,各脉冲面积与该区间正弦波下的面积成比例。这样,输出电压中低次谐波分量显然可以大大减小。

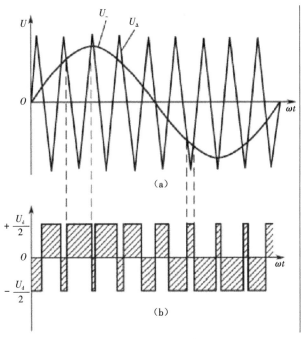

图 3-11　SPWM 法

　　磁链追踪型 PWM 法与 SPWM 法不同,它是从电动机的角度出发的,着眼点在于如何使电动机获得圆磁场。它是以三相对称正弦波电压供电时交流电动机的理想磁链圆为基准,用不同的逆变器开关模式所产生的实际磁链矢量来追踪基准磁链圆,由追踪的结果决定逆变器的开关模式,形成 PWM 波。当然,这样形成的 PWM 波也必然是三相对称的正弦波。

　　对于 SPWM 法和磁链追踪型 PWM 法,由于二者的着眼点不同,所建立的数学模型也完全不同。磁链追踪型 PWM 法的数学模型是建立在电动机统一理论、电动机轴系坐标变换理论基础上的,它把电动机视为一个整体加以处理,所得数学模型简单,便于由微机实现实时处理,从而可使控制系统结构简单、实时性强,能获得更好的性能。

　　上述三种 PWM 控制法都是控制输出电压的电压源逆变器,而电流跟踪型 PWM 法虽然也采用电压源逆变器,却是控制输出电流的。其基本思想是将电动机定子电流的检测信号与正弦波电流给定信号用比较器进行比较,如果实际电流大于给定值,则通过逆变器的开关动作使之减小,反之使之增大。这样,实际电流波形围绕给定的正弦波呈锯齿状变化,而且开关器件的开关频率越高,电流波动就越小。这种方法将电动机的电压数学模型改成电流模型,可使控制简单、动态响应加快,还可以防止逆变器过电流。因而,近年来在交流调速和伺服系统中使用这种 PWM 控制法的也较多。

3.5.3　交流伺服电动机的选择

　　矢量控制技术的应用使交流伺服电动机的调速性能可以和直流伺服电动机媲美。在中、大型功率电动机应用中,交流伺服电动机有取代直流伺服电动机的趋势。交流伺服电动机没有换向件,过载能力强、质量轻、体积小,适用于高速、高精度、频繁起动/停止以及快速定位等场合。此外,交流伺服电动机不需要维护,能在恶劣的环境中工作。采用变频调速时,交流伺服电动机能方便地获得与频率 f 成正比的转速 n,即 $n = \dfrac{60f}{p}$。除此之外,它还能获得较宽的调速范围和较好的力学特性。

图 3-12 是 FUNAC10 型交流伺服电动机的工作特性曲线。与直线伺服电动机不同的是,交流伺服电动机只有连续工作区和断续工作区,电动机的加减速在断续工作区进行。交流伺服电动机的选择方法同直流伺服电动机。

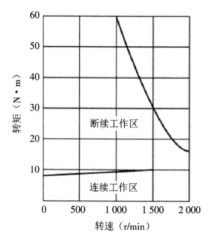

图 3-12　FUNAC10 型交流伺服电动机的工作特性曲线

3.6　直线电动机

在要求产品高精度、高密度、小型化的今天,要求生产机械及测量装置中所用的驱动器能高速运行,具有高的定位精度等。例如,表面贴装设备、高精度三维测量器、自动机器、以机器人为代表的工厂自动化机器等都要求制动器具有较高的定位精度。这就促进了人们对直接制动器的研究和应用。

直线电动机是一种不需要中间转换装置,而能直接做直线运动的电动机械。

与旋转电动机传动相比,直线电动机传动主要具有下列优点。

1)直线电动机由于不需要中间传动机械,因而整个机械系统得到简化,提高了精度,减少了振动和噪声。

2)快速响应。用直线电动机驱动时,由于系统中不存在中间传动机构产生的惯量和阻力矩的影响,系统的加速和减速时间短,可实现快速起动和正反向运行。

3)仪表采用直线电动机,可以省去电刷和换向器等易损零件,提高可靠性,延长寿命。

4)直线电动机由于散热面积大,容易冷却,所以允许较高的电磁负荷,可提高电动机的容量定额 。

5)装配灵活性大。往往可将直线电动机和其他机件合成一体,降低了装配难度。

直线电动机的分类见表 3-5。目前,使用较为普遍的是直线感应电动机(LIM)、直线直流电动机(LDM)和直线步进电动机(LSM)三种。

表 3-5　直线电动机的种类

名称	缩写	英文名	名称	缩写	英文名
直线脉冲电动机	LPM	Linear Pulse Motor	直线振荡驱动器	LOM	Linear Oscillation Actuator
直线感应电动机	LIM	Linear Induction Motor	直线电泵	LEP	Linear Electric Pump
直线直流电动机	LDM	Linear DC Motor	直线电磁螺旋管	LES	Linear Electric Solenoid
直线步进电动机	LSM	Linear Synchronous Motor	直线混合电动机	LHM	Linear Hybrid Motor

3.6.1　直线感应电动机

直线感应电动机最初是以用于超高速列车为目的研发的,针对 LIM 的研究近年来得到发展,LIM 具有高速、直接驱动、免维护等优点,现多在自动化工厂中用于自动搬运。

LIM 的作动原理与旋转式感应电动机相同,在结构上可以理解为把旋转式感应电动机展开为直线状。对 LIM 产生的直线力的利用,有地上一次式和地上二次式两种,可根据搬运的目的、用途加以选用。

直线感应电动机可以看作是由普通旋转感应电动机直接演变而来的。图 3-13(a)所示为一台旋转感应电动机,设想将它沿径向剖开,并将定子、转子沿圆周方向展成直线,就得到了最简单的平板型直线感应电动机,如图 3-13(b)所示。由定子演变而来的一侧为初级,由转子演变而来的一侧为次级。直线电动机的运动方式可以是固定初级,让次级运动,称为动次级;相反,也可以固定次级,让初级运动,称为动初级。

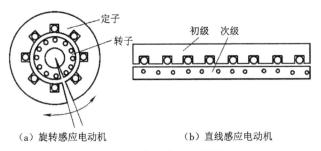

（a）旋转感应电动机　　　　（b）直线感应电动机

图 3-13　直线电动机的原理

直线感应电动机的工作原理如图 3-14 所示。当初级的多相绕组中通入多相电流后,会产生一个气隙基波磁场,但是这个磁场的磁通密度 B_δ 是直线移动的,故称为行波磁场,显然行波的移动速度 v_s 与旋转磁场在定子内圆表面上的线速度是一样的,称为同步速度,可表示为

$$v_s = 2f\tau$$

式中 τ——极距(mm);

f——电源频率(Hz)。

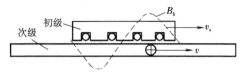

图 3-14 直线感应电动机的工作原理

在行波磁场的切割下,次级导条将产生感应电动势和电流,所有导条的电流和气隙磁场相互作用,便产生切向电磁力。如果初级是固定不动的,那么次级就顺着行波磁场运动的方向做直线运动。若次级移动的速度用 v 表示,则转差率为

$$s = \frac{v_s - v}{v_s}$$

次级移动速度为

$$v = (1-s)v_s = 2f\tau(1-s)$$

上式表明直线感应电动机的速度与电动机极距及电源频率成正比,因此改变极距或电源频率都可改变电动机的速度。

与旋转电动机一样,改变直线感应电动机初级绕组的通电相序,也可改变电动机运动的方向,因而可使直线感应电动机做往复直线运动。

图 3-14 中直线感应电动机的初级和次级长度是不相等的。因为初、次级要做相对运动,假定在开始时初、次级正好对齐,那么在运动过程中,初、次级之间的电磁相合部分将逐渐减少,影响正常运行。因此,在实际应用中必须把初、次级做得长短不等。根据初、次级间的相对长度,可把平板型直线感应电动机分成短初级和短次级两类,如图 3-15 所示。由于短初级结构比较简单,制造和运行成本较低,故一般常用短初级。

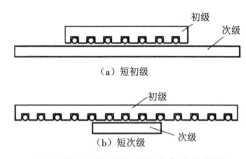

图 3-15 平板型直线感应电动机类型

图 3-15 所示的平板型直线感应电动机仅在次级的一侧具有初级,这种结构形式称为单边型。单边型除了产生切向力外,还会在初、次级间产生较大的法向力,这在某些应用中是不希望存在的,为了更充分地利用次级和消除法向力,可以在次级的两侧都装上初级,这种结构形式称为双边型,如图 3-16 所示。

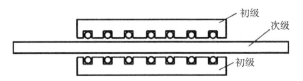

图 3-16　双边型直线感应电动机

除了上述的平板型直线感应电动机外,还有管型直线感应电动机,如果将图 3-17(a)所示的平板型直线感应电动机的初级和次级按箭头方向卷曲,就成为管型直线感应电动机,如图 3-17(b)所示。此外,还可把次级做成一片铝圆盘或铜圆盘,并将初级放在次级圆盘靠近外径的平面上,如图 3-18 所示。这样,次级圆盘在初级移动磁场的作用下形成感应电流,并与磁场相互作用产生电磁力,使次级圆盘能绕其轴线做旋转运动,这就是圆盘型直线感应电动机的工作原理。

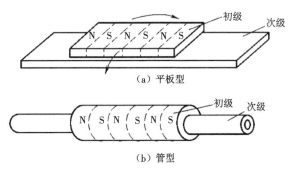

（a）平板型

（b）管型

图 3-17　管型直线感应电动机

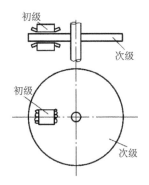

图 3-18　圆盘型直线感应电动机

3.6.2　直线直流电动机

直线直流电动机(Linear Direct-current Motor,LDM)主要有两种类型:永磁式和电磁式。永磁式 LDM 的推力小,但运行平稳,多用在音频线圈和功率较小的自动记录仪表中,如记录仪中笔的纵横走向的驱动、照相机中快门和光圈的操作机构、电表试验中的探测头、电梯门控制器的驱动等。电磁式 LDM 的驱动功率较大,但运动平稳性不好,一般用于要求驱动功率较大的场合。

　　永磁式、长行程的直线直流无刷电动机(Linear Direct-current Brush-Less Motor, LDBLM)是 LDM 中的代表。因为这种电动机没有整流子,具有无噪声、无干扰、易维护、寿命长等优点。永磁式直线直流电动机结构如图 3-19 所示。在线圈的行程范围内,永久磁铁产生的磁场强度分布很均匀。当可动线圈中通入电流后,载有电流的导体在磁场中就会受到电磁力的作用,这个电磁力可由左手定则来确定。只要线圈受到的电磁力大于线圈与支架间存在的静摩擦力,就可使线圈做直线运动,改变电流的大小和方向,即可控制线圈运动的力和方向。

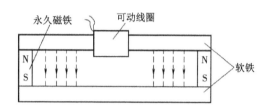

图 3-19　永磁式直线直流电动机

　　当功率较大时,永磁式直线直流电动机中的永久磁铁所产生的磁通可改为由绕组通入直流电励磁所产生,这就成为电磁式直线直流电动机,如图 3-20 所示。其中,图 3-20(a)所示的是单极电动机;图 3-20(b)所示的是两极电动机。此外,还可做成多极电动机,由图 3-20(a),当环形励磁绕组通入电流时,便产生了磁通,它经过电枢铁芯、气隙、板靴、端板和外壳形成闭合回路,如图中点划线所示,电枢绕组是在管形电枢铁芯的外表面用漆包线绕制而成的,对于两极电动机,电枢绕组应绕成两半,两半绕组绕向相反,串联到低压电源上。当电枢绕组通入电流后,载流导体与气隙磁通的径向分量相互作用,在每极上便产生轴向推力。若电枢固定不动,磁极就沿着轴线方向做往复直线运动,当把这种电动机用于短行程和低速移动的场合时,可省掉滑动的电刷;但若行程很长,为了提高效率,应与永磁式直线直流电动机一样,在磁极端面上装上电刷,使电流只在电枢绕组的工作段流过。

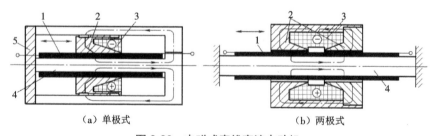

(a)单极式　　　　　　　　　　　(b)两极式

图 3-20　电磁式直线直流电动机

1—电枢绕组;2—极靴;3—励磁绕组;4—电枢铁芯;5—非磁性端板。

3.6.3　直线步进电动机

直线步进电动机具有直接驱动、容易控制、定位精确等优点,主要分为反应式和永磁式两种。

图 3-21 所示为永磁式直线步进电动机的结构和工作原理。其中,定子用铁磁材料制成如同"定尺",其上开有矩形齿槽,槽中填满非磁性材料(如环氧树脂),使整个定子表面非常光滑,动子上装有两块永久磁钢 A 和 B,每一磁极端部装有用铁磁材料制成的 Π 形极片。如图 3-21(a)所示,每块极片有两个齿(如 a 和 c),齿距为 $1.5t$(t 为定子齿距),这样当齿 a 与定子的齿对齐时,齿 c 便对准槽;同一磁钢的两个极片间隔的距离刚好使齿 a 和 a′ 能同时对准定子的齿,即它们的间隔是 kt($k=1,2,3,4,\cdots$)。

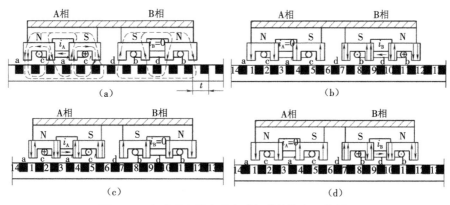

图 3-21　永磁式直线步进电动机的结构和工作原理

磁钢 B 与 A 相同,但极性相反,它们之间的距离应等于 $(k\pm1/4)t$。这样,当其中一个磁钢的齿完全与定子的齿和齿槽对齐时,另一磁钢的齿应处在定子的齿和齿槽的中间。在磁钢 A 的两个 Π 形极片上装有 A 相控制绕组,在磁钢 B 上装有 B 相控制绕组。如果某一瞬间,A 相绕组中通入直流电流 i_A,并假定箭头指向左边的电流为正方向,如图 3-21(a)所示。这时 A 相绕组所产生的磁通在齿 a、a′ 中与永久磁钢的磁通相叠加,而在齿 c、c′ 中却相抵消,使齿 c、c′ 全部去磁,不起任何作用。在这个过程中,B 相绕组不通电流,即 $i_B=0$,磁钢 B 的磁通量在齿 d、d′ 和 b、b′ 中大致相等,沿着动子移动方向各齿产生的作用力互相平衡。

概括地说,这时只有齿 a 和 a′ 在起作用,它使动子处在如图 3-21(a)所示的位置上,为了使动子向右移动,即从图 3-21(a)所示的位置移到图 3-21(b)所示的位置,就要切断加在 A 相绕组上的电源,即使 $i_A=0$,同时给 B 相绕组通入正向电流 i_B。这时,在齿 b 和 b′ 中,B 相绕组产生的磁通与磁钢的磁通相叠加,而在齿 d、d′ 中却相抵消。因此,动子便向右移动半个齿宽即 $t/4$,使齿 b、b′ 移到与定子的齿相对齐的位置。如果切断电流 i_B,并给 A 相绕组通入反向电流,则 A 相绕组及磁钢上产生的磁通在齿 c、c′ 中相叠加,而在齿 d、d′ 中相抵消,动子便向右又移动 $t/4$,使齿 c、c′ 与定子的齿相对齐,如图 3-21(c)所示。同理,如切断

电流 i_A,给 B 相绕组通入反向电流,动子又向右移动 $t/4$,使齿 d、d′ 与定子的齿相对齐,如图 3-21(d)所示。这样,经过图 3-21 所示的 4 个阶段后,动子便向右移动了一个齿距 t。如果还要继续移动,只需要重复前面次序通电。相反,如果想使动子向左移动,只要把 4 个阶段倒过来即可。

上面介绍的是直线步进电动机的原理。如果要求动子做平面运动,应将定子改为一块平板,且其上开有 x、y 轴方向的齿槽,定子齿按方格形排布,槽中注入环氧树脂,而动子是由两台直线步进电动机的动子组合起来制成的,如图 3-22 所示。其中一个保证动子沿 x 轴方向移动,与它正交的另一个保证动子沿 y 轴方向移动。这样,只要设计适当的程序控制,借以产生一定的脉冲信号,就可以使动子在一个平面上做任意几何轨迹的运动,并定位在平面上任何一点,这就成为平面步进电动机了。

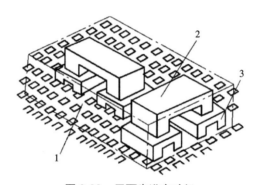

图 3-22　平面步进电动机

1—平台;2—磁钢;3—磁极。

反应式直线步进电动机的工作原理与旋转式步进电动机相同。图 3-23 所示为一台四相反应式直线步进电动机的结构原理。其中,定子和动子都由硅钢片叠成,定子的上、下两表面都开有均匀分布的齿槽;动子是一对具有 4 个极的铁芯,极上套有四相控制绕组,每个极的表面也开有齿槽,齿距与定子上的齿距相同。当某相动子齿与定子齿对齐时,相邻相的动子齿轴线与定子齿轴线错开 1/4 齿距。上、下两个动子铁芯用支架刚性连接起来,可以一起沿定子表面滑动。为了减少运动时的摩擦,在导轨上装有滚珠轴承,槽中用非磁性材料填平,使定子和动子表面平滑。显然,当控制绕组按 A—B—C—D—A 的顺序轮流通电时(图 3-23 表示 A 相通电时动子所处的稳定平衡位置),根据步进电动机的一般原理,动子将以 1/4 齿距的步距向左移动,当通电顺序改为 A—D—C—B—A 时,动子则向右移动。与旋转式步进电动机相似,通电方式可以是单拍制,也可以是双拍制,双拍制时步距减少一半。

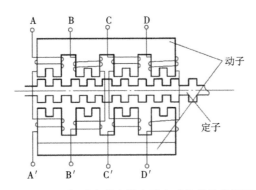

图 3-23　四相反应式直线步进电动机的结构原理

3.7　压电驱动器

在机电一体化领域中,目前主要使用的是电磁式驱动器,但是行业对机器的高速化、低价格化、微细化要求越来越强烈。例如,汽车的燃料喷射器需要高速开闭的电磁螺线管,如果要求进一步提高速度,这种电磁式驱动器就不能满足要求了;电子打字机中也用到螺线管,但是它发热,不能高速运行;气压阀、电气 – 油压比例阀等都是靠电流通断来控制喷嘴开闭的,电流通断时会产生电磁干扰。另一方面,集成电路和超导元件制造装置、多面镜加工设备、生物医学工程中的装置等都要求具有亚微米级精度。因此,需要研究开发新型驱动器。压电驱动器就是新型驱动器中的一种,压电驱动器基本上可分为双压电型驱动器和积层压电驱动器两大类。

3.7.1　压电材料的特性

压电材料是一种受力即产生应变,在其表面上出现与外力成比例的电荷的材料,又称为压电陶瓷。反过来,把一电场加到压电材料上,则压电材料产生应变,利用这种输出力或变位特性可以制成压电驱动器(元件)。表 3-6 中列出了在长方形压电陶瓷两个相对面上镀上电极并极化后,应变方向和压电常数的关系。

表 3-6　应变方向和压电常数的关系

图示	发生应变的方向	压电应变常数
![纵效应]	厚度扩张(简称 TE)	d_{33}、g_{33}

图示	发生应变的方向	压电应变常数
横效应	长度扩张(简称 LE)	d_{31}、g_{31}
剪切效应	厚度切变(简称 TS)	d_{15}、g_{15}

3.7.2　双压电型驱动元件

1. 双压电型驱动元件的基本结构和原理

双压电型驱动元件的基本结构如图 3-24 所示,其中以金属弹性板为中心电极,两边贴合两层压电材料,并分为串联型和并联型两种。

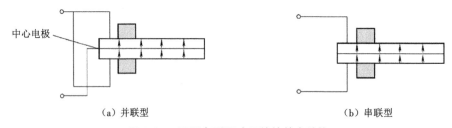

（a）并联型　　　　　　（b）串联型

图 3-24　双压电型驱动元件的基本结构

当驱动元件加上电源时,一层压电材料伸长,另一层发生收缩,发生与施加的电源波形相应的弯曲变位,由日本富士陶瓷株式会社开发的各种双压电型驱动元件如图 3-25 所示。

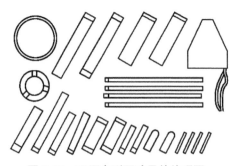

图 3-25　双压电型驱动元件外观图

2. 双压电型驱动元件的应用

双压电型驱动元件可以用于驱动阀门或制造加速度传感器;把它作为超声波振动源,可以用来制造超声波清洗机、超声波探伤仪、超声波医疗设备、细管道微型机器人等。

　　细管道微型机器人的基本结构如图 3-26(a)所示。其由双压电型驱动元件和 4 块弹性翼片组成。当频率等于双压电型驱动元件共振频率的电源施加到驱动元件上时,双压电型驱动元件发生共振,由于弹性翼片与管道内壁的动摩擦作用,会发生驱动元件的滑动。如图 3-26(b)所示,左边的动摩擦力小于右边的动摩擦力,所以双压电型驱动元件向左运动。

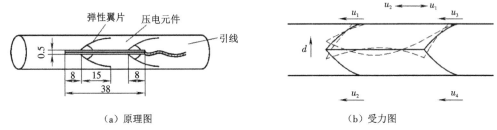

（a）原理图　　　　　　　　　　　　　（b）受力图

图 3-26　细管道微型压电驱动机器人

3.7.3　积层压电驱动元件

1. 积层压电驱动元件的基本结构和特点

　　与双压电型驱动元件相比,积层压电驱动元件在变位量、输出力、能量变换率和稳定性等方面性能更好。

　　积层压电驱动元件如图 3-27 所示,构造如图 3-28 所示。其在长度方向(驱动方向)上有均匀层、非均匀层和保护层。均匀层由 110 μm 厚的压电材料层、银－石墨合金内部电极层交替重迭而成,非均匀层由 220 μm 厚的压电材料层、内部电极层交替重迭而成,保护层是厚度在 0.5 mm 以上的非活性材料层。

图 3-27　积层压电驱动元件

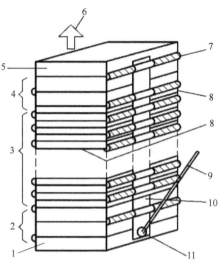

图 3-28　积层压电驱动元件的构造

1、5—保护层;2—非保护层;3—均匀层;4—非均匀层;
6—驱动方向;7—玻璃绝缘层;8—内部电极层;9—引线;10—外部电极;11—焊锡。

积层压电驱动元件的侧面露出全部内部电极,进行内部电极的电气连接时,每隔一层的内部电极用玻璃绝缘层隔开,之后再装上外部电极,用焊锡把引线焊接到保护层处的外部电极上,除积层压电元件的上下端外,其他部位再覆盖上一层树脂。积层压电元件的特点如下。

1)能量变换率高(约 50%)。

2)驱动电压低,低至 75 V(最大变位量为 4 μm 时)和 150 V(最大变位量为 16 μm 时)。

3)输出力大(3 400 N/cm²)。

4)响应快(几十微秒)。

5)稳定性好。

2. 积层压电驱动元件的应用

根据积层压电驱动元件体积小、精度高、刚性高等特点,可以将其用于各种装置。积层压电驱动元件的常见用途见表 3-7。下面以数控机床的精密进给直线驱动器为例加以说明。

表 3-7　积层压电驱动元件的用途

装置的名称	用途
磁带录像机	磁头的跟踪调节
光盘影碟机	光头的聚焦机构、跟踪调节
计算机硬盘	磁头的跟踪调节、读写机构
打印机	打印机的线驱动元件
继电器、开关	接点的驱动元件
机器人、精密加工机构	精密进给机构、高精度直线驱动器
照相机、摄像机镜头	测长、调焦距
压力传感器	温度补偿范围选择板

数控机床的精密进给直线驱动器结构如图 3-29 所示。这种驱动器采用带压电元件、圆弧缺口支点的一体化机构,并且与驱动刀架直接连在一起。

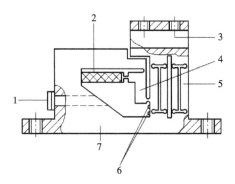

图 3-29　数控机床的精密进给直线驱动器结构
1—接线;2—压电元件;3—刀架;4—杠杆;
5—平行四边形机构;6—应变电阻;7—驱动器座。

精密进给直线驱动器的动作原理如图 3-30 所示。其中,压电元件 2 受电流控制伸长或收缩,通过带圆弧缺口的杠杆 5 把这一伸长或收缩进行一级放大,再通过带圆弧缺口的双平行四边形机构 4 进行二级放大,直接驱动刀架做水平运动,从而实现刀具的精密进给控制。

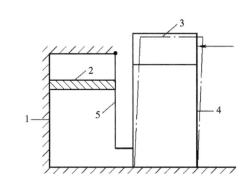

图 3-30　数控机床精密进给直线驱动器的动作原理
1—驱动器座;2—压电元件;3—刀架;4—平行四边形机构;5—杠杆。

3.8　电液伺服驱动系统

电液伺服驱动系统是电气、电子技术和液压传动及控制技术相结合的产物,它兼具了电气和液压的双重优势,形成了具有竞争力的传动控制系统。1940 年底,飞机上首先出现了电液伺服驱动系统,它的滑阀由伺服电动机驱动,伺服电动机的惯量很大,成为限制系统动态特性的关键因素。

液压控制技术的历史最早可以追溯到公元前 240 年,那时的古埃及人发明了一种液压伺服机构——水钟。而液压控制技术的快速发展期则是 18 世纪的欧洲工业革命时期,在此期间,许多非常实用的发明涌现出来,多种液压机械装置,特别是液压阀得到开发和利用,使液压技术的影响力大增。18世纪出现了液压泵、水压机及水压缸等。19世纪初,液压技术取得了一些重大的进展,其中包括以油作为工作流体的技术及首次用电来驱动方向控制阀等。第二次世界大战期间及战后,电液技术的发展速度加快,出现了两级电液伺服阀、喷嘴挡板元件以及反馈装置等。20世纪50至60年代则是电液元件和技术发展的高峰期,电液伺服阀控制技术在军事应用中大显身手,特别是在航空航天领域中的应用。这些应用最初包括雷达、制导平台及导弹发射架控制机构的驱动等,后来又扩展到导弹的飞行控制、雷达天线的定位、飞机飞行控制系统的增稳、雷达磁控管腔的动态调节以及飞行器的推力矢量控制等。电液伺服驱动器也被用于空间运载火箭的控制。电液控制技术在非军事工业上的应用也越来越多,最主要的是机床工业。在早些时候,数控机床的工作台定位伺服装置中多采用电液系统(通常是液压伺服马达)来代替人工操作,后来又扩展到工程机械。在以后的几十年里,电液控制技术又进一步扩展到工业机器人控制、塑料加工、地质和矿藏探测、燃气或蒸汽涡轮控制及可移动设备的自动化等领域。电液比例控制技术及比例阀在20世纪60年代末、70年代初开始出现。20世纪70年代,随着集成电路及其后的微处理器的问世,基于集成电路的电子控制器件和装置广泛应用于电液控制技术领域。

现代飞机上的操纵系统,如舵机、助力器、人感系统、发动机与电源系统的恒速与恒频调节、火力系统中的雷达与炮塔的跟踪控制等大都采用了电液伺服控制系统。飞行器的地面模拟设备,包括飞行模拟台、负载模拟器、大功率模拟振动台、大功率材料实验加载器等大多采用电液控制,因此电液伺服控制的发展关系到航空与航天事业的发展。此外,在其他的国防工业中(如军用机器人)也大量使用了电液控制系统。

3.8.1　电液伺服阀的概念和功能

构成电液控制系统通常需要有指令元件、比较元件、放大元件、反馈检测元件、电液伺服阀、液压缸(或液压马达)等,而其中电液伺服阀是液压控制系统的核心元件,它在液压控制系统中既起电气信号与液压信号的转换作用,又起控制信号的放大作用,电液伺服阀的性能直接影响整个液压控制系统的控制性能。电液伺服阀是将小功率的电信号转变为伺服阀的运动,输出流量与液压力,控制液压执行元件的运动速度、运动方向及输出带动负载的动力。在电液伺服系统中,电液伺服阀的主要功能如下。

1)信号转换。电液伺服阀将电信号转换成液压信号,输出流量和压力。

2)功率放大。电液伺服阀将小功率的电信号放大为大功率的液压信号。

3)伺服控制。电液伺服阀根据输入信号的大小和极性,控制输入到液压执行机构中的流量、压力,推动负载运动。

3.8.2　电液伺服控制系统的特点和构成

电液伺服控制系统的特点:均为闭环系统;输出为位置、速度、力等各种物理量;控制元件为伺服阀(零遮盖、死区极小、滞环小、动态响应高、清洁度要求高);控制精度高;响应速度快;用于对性能要求高的场合。

电液伺服控制系统由以下一些基本元件组成。

1)输入元件,将给定值加于系统的输入端的元件。该元件可以是机械的、电气的、液压的或者是其他的组合形式。

2)反馈测量元件,测量系统的输出量并转换成反馈信号的元件。各种类类的传感器常用作反馈测量元件。

3)比较元件,将输入信号与反馈信号相比较,得出误差信号的元件。

4)放大、能量转换元件,将误差信号放大,并将各种形式的信号转换成大功率的液压能量的元件。电气伺服放大器、电液伺服阀均属于此类元件。

5)执行元件,将产生调节动作的液压能量加于控制对象上的元件,如液压缸或液压马达。

6)控制对象,各类生产设备,如机器工作台、刀架等。

电液伺服控制系统的构成如图 3-31 所示。

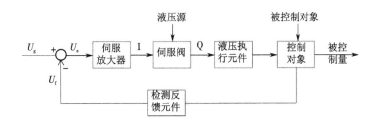

图 3-31　电液伺服控制系统构成

3.8.3　电液伺服阀的工作原理

电液伺服阀在控制系统中所处的位置可以用图 3-32(a)所示的职能框图来说明。

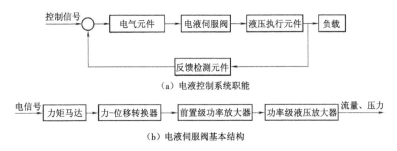

（a）电液控制系统职能

（b）电液伺服阀基本结构

图 3-32　电液控制系统、电液伺服阀基本结构

电液伺服阀主要由力矩马达、力矩位移转换装置、中间级液压放大器、功率级放大器等组成,其中力矩马达将电流转换为力或力矩,力矩位移转换装置将力或力矩转换为机械位移,中间级液压放大器推动滑阀的阀芯运动,功率级放大器输出流量和压力带动负载运动,它们之间的连接方式及信号流向如图 3-32(b)所示。

电液伺服阀可分为单级电液伺服阀、两级电液伺服阀和三级电液伺服阀三种类型。其中,两级电液伺服阀中有一个中间级液压放大器,三级电液伺服阀中有两个中间级液压放大器。三级电液伺服阀可以输出更大的功率,带动更大的负载。

1. 单级电液伺服阀的工作原理

如图 3-33 所示,单级电液伺服阀由力矩马达、四通滑阀直接连接而成,直接驱动执行机构。它的工作原理:在输入电流的作用下,力矩马达轴产生偏转,推动阀芯运动打开节流口,输出流量、压力,直接控制负载运动。单级电液伺服阀结构简单、价格低廉,但存在两个主要缺点:一是单级电液伺服阀输出流量有限,这是由于作用在阀芯上的稳态液动力阻碍力矩马达轴的运动,限制了力矩马达的行程;二是单级电液伺服阀的稳定性问题,单级电液伺服阀的稳定性通常取决于负载的动态特性,因此可以通过合理选择负载提高其稳定性。

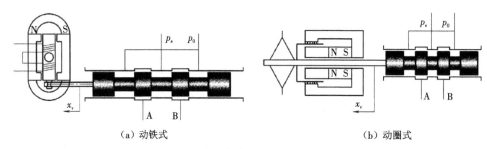

（a）动铁式　　　　　　　　　　　　（b）动圈式

图 3-33　单级电液伺服阀的工作原理

2. 两级电液伺服阀的工作原理

如前所述,两级电液伺服阀克服了单级电液伺服阀流量受到限制和不稳定的缺点,其结构如图 3-34 所示。其中,图 3-34（a）所示的是具有直接反馈的两级电液伺服阀工作原理;图 3-34（b）所示的是具有力反馈的两级电液伺服阀工作原理。两级电液伺服阀主要由力矩马达、滑阀构成,喷嘴挡板阀是它的前置级,下面分别介绍其工作原理。

（1）直接反馈两级电液伺服阀工作原理

如图 3-34（a）所示,当输入电流差为正时（$i_1 > i_2$）,喷嘴挡板阀挡板向左偏转 x_f。右控制腔控制压力 p_{1p} 增高,左控制腔控制压力 p_{2p} 减小,在压力差的作用下,阀芯向左运动 x_v,当阀芯运动到使挡板处于两个喷嘴的中间位置时,阀芯两端的控制腔的压力相等,即 $p_{1p} = p_{2p}$,阀芯停止运动,打开与输入电流差相对应的开口,伺服阀输出流量,控制液压马达运转。当输入电流差回到零时,$x_f = 0$,挡板恢复为初始位置,使挡板与右边喷嘴的距离小于与左边的距离,左控制腔的压力 p_{2p} 高于右控制腔的压力 p_{1p},阀芯向右运动 x_v,直至阀芯回到原始位置。由于挡板阀的喷嘴设置在主滑阀芯上,因此主滑阀跟随挡板阀运动。这就是带有直接反馈的两级电液伺服阀的工作原理。

（2）力反馈两级电液伺服阀工作原理

如图 3-34（b）所示,当输入电流差为正时（$i_1 > i_2$）,挡板阀挡板向左偏转 x_f,控制压力 p_{1p} 增高,p_{2p} 减小,在压力差的作用下,阀芯向右运动 x_v,直到反馈弹簧作用在挡板上的力矩与输入电流产生的力矩相平衡为止,挡板同时被带到两个喷嘴的中间位置上,阀芯两端的控制腔的压力相等,即 $p_{1p}=p_{2p}$,阀芯停止运动,伺服阀打开与输入电流差相应的开口,输出流量,控制马达运转。当电流差为零时,$x_f=0$,由于反馈弹簧的弹性作用,使挡板与右边喷嘴的距离小于与左边的距离,使右控制腔的压力 p_{1p} 高于左控制腔的压力 p_{2p},阀芯向左运动 x_v,回到原始位置,由于反馈弹簧与主滑阀固定连接,因此主滑阀受挡板阀的控制。

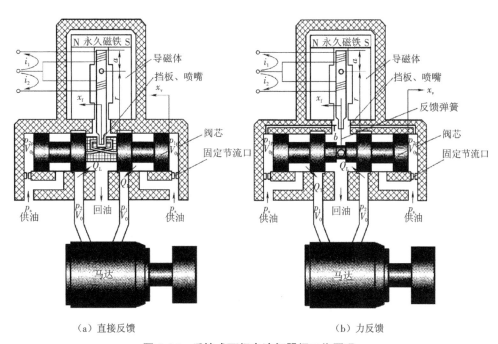

（a）直接反馈　　　　　　　　（b）力反馈

图 3-34　反馈式两级电液伺服阀工作原理

3.8.4　电液伺服系统的分类与优缺点

1. 电液伺服系统的分类

1）按输出的物理量,分为位置伺服系统、速度伺服系统、力（或压力）伺服系统等。

2）按控制信号,分为机液伺服系统、电液伺服系统、气液伺服系统。

3）按控制元件,分为阀控系统和泵控系统。在机械设备中,以阀控系统应用较多。

2. 电液伺服系统的优缺点

电液伺服系统除具有液压传动所固有的一系列优点外,还具有承载能力强、控制精度高、响应速度块、自动化程度高、体积小、质量轻等优点。但是,液压伺服元件要求的加工精度高,价格较贵;对油液的污染较敏感,可靠性受到影响;在小功率系统中,液压伺服控制不如电子控制灵活。

3.8.5　液压伺服系统的设计

在液压伺服系统中,采用液压伺服阀作为输入信号的转换与放大元件。液压伺服系统能以小功率的电信号输入,控制大功率的液压能（流量与压力）输出,并能获得很高的控制精度和很快的响应速度。位置控制、速度控制、力控制,这三类液压伺服系统的一般设计步骤如下。

1)明确设计要求。充分了解设计任务提出的工艺、结构及对系统各项性能的要求,详细分析负载条件。

2)拟定控制方案,画出系统原理图。

3)静态计算。确定动力元件参数,选择反馈元件及其他电气元件。

4)动态计算。确定系统的传递函数,绘制开环伯德图,分析稳定性,计算动态性能指标。

5)校核精度和性能指标,选择校正方式和设计校正元件。

6)选择液压能源及相应的附属元件。

7)完成执行元件及液压能源施工设计。

3.8.6　电液伺服控制系统的发展趋势

电液伺服控制已经开始向数字化发展,液压技术与电子技术、控制技术的结合日益紧密,电液元件和系统的性能有了进一步的提高。电液伺服控制将在电子设备、控制策略、软件和材料方面取得更大的突破,主要包括以下几个方面。

1)与电子技术、计算机技术融为一体。随着电子组件系统的集成,相应的电子组件接口和现场总线技术开始应用于电液系统的控制中,从而实现高水平的信息系统,该系统简化了控制环节、易于维护,提高了液压系统的可控性能和诊断性能。

2)更加注重节能增效。负荷传感系统和变频技术等新技术的应用将使效率大大提高。

3)新型电液元件和一体化敏感元件将得到广泛研究和应用,如具有耐污染、高精度、高频响的直动型电液控制阀,液压变换器及电子油泵等。

4)计算机技术将广泛应用于电液控制系统的设计、建模、仿真试验和控制中。

习题与思考题

1)请简述步进电动机的工作原理。

2)常用直流伺服电动机有哪几种?请简述它们的优点和缺点。

3)请简要介绍交流伺服电动机的常用控制方法。

4)请简述直线电动机的工作原理,并简要说明直线电动机的常见传动类型。

5)目前主要有哪几种类型的压电驱动器?其分别适用于什么应用范围?

6)什么是电液伺服驱动?简述两级电液伺服阀的工作原理。

第4章 传感与检测系统

4.1 概述

1.机电一体化系统与传感器

随着现代经济社会的发展和科技水平的不断提升,传感技术获得了稳步发展,传感技术和机电一体化系统的应用逐步结合。在此过程中,传感器技术的应用在极大程度上直接提升了一体化系统技术的应用水平、实践操作能力和控制管理能力,为机电一体化系统技术应用水平的优化与提升做出了重要贡献,更对提升机电一体化系统的应用提供了可靠的科学保障。

众所周知,在机电一体化系统中,传感技术的重要作用相当于机电一体化系统的感觉器官。也就是说,使用传感技术有助于机电一体化系统从待测对象那里高效科学地获取待测对象的相关特征和状态信号,进而根据该特征和状态信号为机电一体化系统后续功能的正常发挥奠定坚实的基础。

图 4-1 为机电一体化系统结构的典型框架示意图。由该图可知,测量模块是机电一体化系统结构中的一个重要模块,而测量模块相关功能的发挥又涉及被测对象相关数据信息和特征状态的检测与获取。测量模块一般由传感器和信号调理电路等组成。在测量过程中,被测物理量(如强度、压力、速度等)被传感器测量,并输出相应的电压、电流和相位等电信号,信号调理模块将信号输入微处理器模块。因此,测量模块在机电一体化系统中的重要功能即真实科学地反映被测对象的物理参数及其时间变化。也就是说,在机电一体化系统的实际运转过程中,传感技术处于该系统的核心地位,传感器是否能够快速精确、科学高效地获取相关的数据信息,并经受住外界环境的考验和干扰是机电一体化系统能否达到高水平工作和高精确度工作的重要保证。

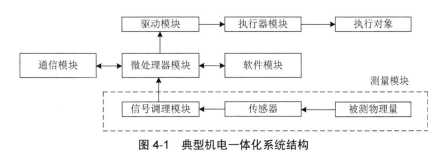

图 4-1 典型机电一体化系统结构

传感器一般处于研究对象或检测系统的最前端,是感知、获取与检测信息的窗口,它所获得的和转换的信息正确与否,直接关系到整个机电一体化系统性能的好坏,所以它是检测与控制系统的首要部分。从广义的角度看,传感器应该是指能够检测特定的物理量,并将其转换为相应的其他物理量(一般为电信号)的装置(设备或器件)。

2. 传感器的概念

传感器是指能感受规定的被测量,并按照一定的规律转换成可用的输出信号的器件或装置。所以,传感器又称为敏感元件、检测器件、转换器件等。例如,在电子技术中的热敏元件、磁敏元件、光敏元件及气敏元件,在机械测量中的转矩、转速测量装置,在超声波技术中的压电式换能器等都可以统称为传感器。传感器的基本功能是检测信号和进行信号转换。传感器总是处于测试系统的最前端,用来获取检测信息,其性能的好坏将直接影响整个测试系统,对测量精确度起着决定性作用。传感器的输出量通常是电信号,它便于传输、转换、处理、显示等。电信号有很多种形式,如电压、电流、电容、电阻等,输出的信号的形式通常由传感器的原理确定。

3. 传感器的组成

传感器的组成按其定义一般由敏感元件、转换元件、信号调理转换电路三部分组成,有时还需外加辅助电源提供转换能量,如图4-2所示。其中,敏感元件是指传感器中能直接感受或响应被测量的部分;转换元件是指传感器中能将敏感元件感受或响应的被测量转换成适合于传输或测量的电信号部分。由于传感器输出的信号一般都很微弱,因此传感器输出的信号一般需要进行信号调理与转换、放大、运算与调制之后才能进行显示和参与控制。随着半导体器件与集成技术在传感器中的应用,已经实现了将传感器的信号调理转换电路与敏感元件一起集成在同一芯片上的传感器模块和集成电路传感器等。

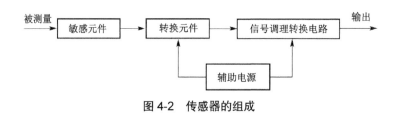

图4-2 传感器的组成

4. 传感器的分类

一般情况下,对某一物理量的测量可以使用不同的传感器,而同一传感器又往往可以测量不同的物理量。所以,传感器从不同的角度有许多分类方法。目前,一般采用两种分类方法:一种是按被测参数分类,如对温度、压力、位移、速度等的测量,相应的有温度传感器、压力传感器、位移传感器、速度传感器等;另一种是按传感器的工作原理分类,如应变原理工作式、电容原理工作式、压电原理工作式、磁电原理工作式、光电效应原理工作式等,相应的有应变式传感器、电容式传感器、压电式传感器、磁电式传感器、光电式传感器等。

5. 传感器的性能指标

在检测、控制系统和科学研究中,需要对各种参数进行检测和控制,而要达到比较优良的控制性能,则必须要求传感器能够感知被测量的变化,并且不失真地将其转换为相应的电信号,这种要求主要取决于传感器的基本特性。传感器的基本特性主要分为静态特性和动态特性。

（1）静态特性

静态特性是指检测系统的输入为不随时间变化的恒定信号时,系统的输出与输入之间的关系,主要包括线性度、灵敏度、迟滞、重复性、漂移等。下面重点介绍线性度和灵敏度。

1）线性度指传感器输出量与输入量之间的实际关系曲线偏离拟合直线的程度。其定义为在全量程范围内实际特性曲线与拟合直线之间的最大偏差值 Δ_{max} 与满量程输出值 Y_{FS} 之比。线性度也称为非线性误差,表示为

$$\gamma = \pm \Delta_{max} / Y_{FS} \times 100\% \tag{4-1}$$

2）灵敏度是反映传感器静态特性的一个重要指标。其定义为输出量的增量 Δy 与引起该增量的相应输入量的增量 Δx 之比,用 S 表示,即

$$S = \Delta y / \Delta x \tag{4-2}$$

灵敏度表示单位输入量的变化所引起传感器输出量的变化,显然灵敏度 S 值越大,传感器越灵敏。

对于输入输出为线性关系的传感器,其灵敏度为一常数。如图 4-3（a）所示,灵敏度为直线的斜率,即

$$S = \Delta y / \Delta x = \tan \theta = 常数 \tag{4-3}$$

而对于输入输出为非线性关系的传感器,其灵敏度为工作点处的切线斜率。如图 4-3（b）所示,非线性关系传感器的灵敏度为

$$S = \Delta y / \Delta x = dy / dx \tag{4-4}$$

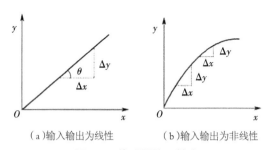

（a）输入输出为线性　　　　（b）输入输出为非线性

图 4-3　传感器的灵敏度

（2）动态特性

动态特性是反映传感器动态性能的指标。动态特性是指检测系统的输入为随时间变化的信号时,系统的输出与输入之间的关系。反映动态特性的主要性能指标有时域单位阶跃响应性能指标和频域频率特性性能指标。

6. 传感器的发展趋势

随着科技的不断发展，新型传感器（如无线传感器、智能传感器和生物传感器）在市场中所占的份额越来越大。未来，传感器的发展方向将呈现如下趋势。

（1）多功能化与集成化

多功能集成传感器是传感器发展的一个重要方向，即在一个芯片上集成多种功能的敏感组件或同一功能的多个敏感组件，使得一个传感器可以同时检测多种信息。

（2）高精度

在智能制造过程中，涉及装备自动化，而装备的自动化程度受限于传感器的精度和灵敏度，因此不断提升传感器的精度是智能传感技术的基本趋势。

（3）高可靠性

可靠性是衡量传感器性能的重要指标。传感器网络和其他网络一样也会面临安全威胁。怎样用最经济合理的手段实现传感器安全，使传感器在受到外界干扰时，还能稳定可靠地工作将是传感器的发展趋势。

（4）低能耗

目前，智能传感器大多是在有源工况下运行的，但未来智能传感技术将广泛应用于无源工况下，尤其是在电网未覆盖的高山、深海、外太空等应用场景中，而仅依靠太阳能或燃料电池又无法保证大功率传感器的稳定使用，因此低能耗的甚至无源的传感技术也将成为智能传感技术未来的重要发展趋势。

4.2　机电一体化系统常用传感器

1. 光电开关

光电接近开关（简称光电开关）通常在环境条件比较好、无粉尘污染的场合中使用，如图4-4所示。光电开关工作时，对被测对象几乎无任何影响。

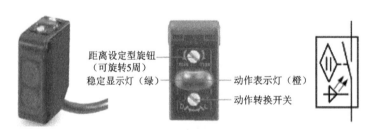

距离设定型旋钮
（可旋转5周）
稳定显示灯（绿）
动作表示灯（橙）
动作转换开关

（a）光电开关外形　　　　　　　（b）光电开关电气符号

图4-4　光电开关的外形和电气符号

在工作时，光发射器始终发射检测光。若接近开关前方一定距离内没有物体，则没有光被反射到接收器，光电开关处于常态而不动作；反之，若接近开关前方一定距离内出现物体，只要反射回来的反射光强度足够，接收器接收到足够的反射光就会使接近开关动作而改变输出的状态。图4-5为漫射式光电开关的工作原理。

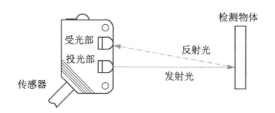

图 4-5　漫射式光电开关的工作原理

2. 光纤传感器

光纤式光电接近开关(简称光纤式光电开关)是光纤传感器的一种。光纤传感器的传感部分没有丝毫电路连接,不产生热量,只利用很少的光能,这些特点使光纤传感器成为危险环境下传感器的理想选择。光纤传感器还可以用于关键生产设备的长期、高可靠、高稳定的监视。相对于传统传感器,光纤传感器具有下述优点:抗电磁干扰、可工作于恶劣环境、传输距离远、使用寿命长。此外,由于光纤检测头具有较小的体积,所以其可以安装在空间很小的地方,而放大器根据需要来放置。例如,有些生产过程中烟火、电火花等可能引起爆炸和火灾,而光能不会成为火源,所以不会引起爆炸和火灾,因此可将光纤检测头设置在危险场所内,将放大器设置在非危险场所进行使用,如图 4-6 所示。

光纤传感器由光纤检测头、放大器两部分组成,放大器和光纤检测头是分离的两个部分。光纤传感器结构上分为传感型和传光型两大类。传感型是以光纤本身作为敏感元件,使光纤兼有感受和传递被测信息的作用。传光型是把由被测对象所调制的光信号输入光纤,通过输出端进行光信号处理而进行测量的。传光型光纤传感器的工作原理与光电传感器类似。在分拣单元中采用的就是传光型光纤式光电开关,光纤仅作为被调制光的传输线路使用,其外观如图 4-7 所示。其中,包括一个发光端、一个光的接收端,分别连接在放大器上。

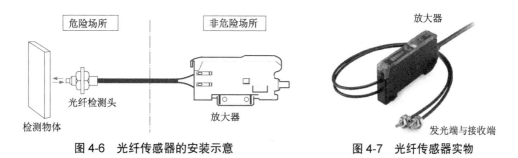

图 4-6　光纤传感器的安装示意　　　　　**图 4-7　光纤传感器实物**

3. 磁性开关

磁力式接近开关(简称磁性开关)是一种非接触式位置检测开关,如图 4-8 所示。磁性开关使用非接触式位置检测方式,不会磨损和损伤被检测对象,响应速度快。磁性开关用于检测磁性物质;安装方式上有导线引出型、接插件式、接插件中继型;根据安装场所环境的要求,可选择屏蔽式和非屏蔽式。

（a）实物图　　　　　　　（b）电气符号

图 4-8　磁性开关

4. 电感式接近开关

电涡流接近开关属于电感式接近开关的一种，其是利用电涡流效应的有开关量输出功能的位置传感器，由电感－电容高频振荡器和放大处理电路组成。当有金属物体接近能产生电磁场的振荡感应头时，物体内部将产生电涡流，这个电涡流反作用于接近开关，使接近开关振荡能力衰减，内部电路的参数发生变化，由此识别出有无金属物体接近，进而控制开关的通或断。这种接近开关所能检测的物体必须是金属物体，其工作原理如图 4-9 所示。

无论对于哪一种接近传感器，在使用时都必须注意被检测物的材料、形状、尺寸、运动速度等因素，如图 4-10 所示。

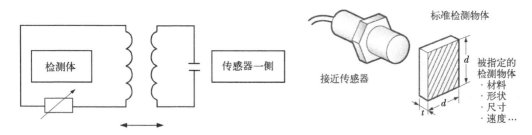

图 4-9　电涡流接近开关的工作原理　　　　图 4-10　接近传感器与标准检测物

在传感器安装与选用中，必须认真考虑检测距离、设定距离，保证生产线上的传感器可靠动作。传感器安装距离注意说明如图 4-11 所示。

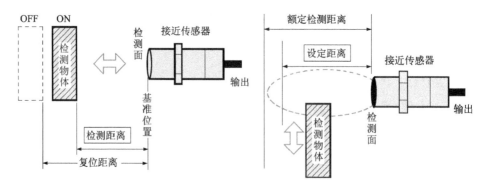

图 4-11　传感器安装距离注意说明

5. 热电偶传感器

热电偶传感器是工业中使用最为普遍的接触式测温装置。这是因为热电偶具有性能稳定、测温范围大、信号可以远距离传输等特点,并且其结构简单、使用方便。热电偶能够将温度直接转换为电信号,并且输出直流电压信号,使得显示、记录和传输都很容易。

热电偶传感器的测温原理是基于热电效应。热电偶是由两种不同材料的导体组成的一个闭合回路,如图 4-12 所示。当接合点 1 和 2 的温度 T 和 T_0 不同时,在该回路中就会产生电动势,这种现象称为热电效应,相应的电动势称为热电势,导体 A、B 称为热电极。两个接点中,一个称为热端,也称为测量端或工作端,测温时它被置于被测介质(温度场)中;另一个接点称为冷端,又称为参考端或自由端,它通过导线与显示仪表或测量电路相连,如图 4-13 所示。

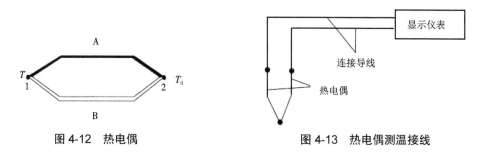

图 4-12　热电偶　　　　　　　　图 4-13　热电偶测温接线

接触电势是由两种不同导体的自由电子密度不同而在接触处形成的电动势。两种导体接触时,自由电子由密度大的导体向密度小的导体扩散,在接触处失去电子的一侧带正电,得到电子的一侧带负电,扩散达到动平衡时,在接触面的两侧就形成稳定的接触电势。接触电势的数值取决于两种不同导体的性质和接触点的温度。

6. 光电编码器

光电编码器是通过光电转换将机械、几何位移量转换成脉冲或数字量的传感器,主要用于速度或位置(角度)的检测。典型的光电编码器由码盘、检测光栅、光电转换电路(包括光源、光敏器件、信号转换电路)、机械部件等组成。一般来说,根据光电编码器产生脉冲的方式,其可以分为增量式、绝对式和复合式三大类。生产线上常采用的是增量式光电编码器,其原理如图 4-14 所示。

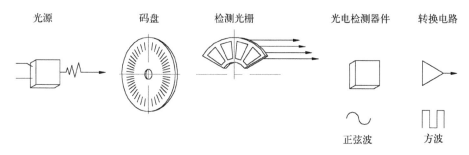

图 4-14　增量式光电编码器原理

光电编码器的码盘条纹数决定了传感器的最小分辨角度,即分辨角 $\alpha=360°/$ 条纹数。例如,条纹数为 500,则最小分辨角 $\alpha=360°/500=0.72°$。在光电编码器的检测光栅上有两组条纹 A 和 B,两组条纹错开 1/4 节距,两组条纹对应的光敏元件所产生的信号彼此相差90°,用于辨向。此外,在增量式光电编码器的码盘内圈有一个透光条纹(Z 相),用以每转产生一个脉冲,该脉冲称为移转信号或零标志脉冲,其输出波形图如图 4-15 所示。

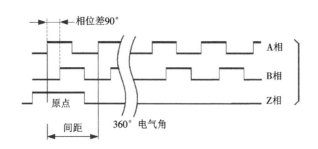

图 4-15　增量式光电编码器输出脉冲示意图

7. 图像传感器

电子摄像机将镜头捕捉到的光线转换为电信号,并保存到存储介质中的专用设备。而实现光信号转换为电信号的关键器件是图像传感器。图像传感器包括真空摄像管和固体摄像器件。下面重点介绍固体摄像器件。固体摄像器件又称为半导体摄像器件,类型主要有电荷耦合器件(Charge Coupled Device,CCD)、互补金属氧化物半导体器件(Complementary Metal Oxide Semiconductor,CMOS)和电荷引发器件(Charge Priming Device,CPD)。目前,在电子摄像机里普遍使用的图像传感器是 CCD 型或 CMOS 型。

(1)CCD 图像传感器工作原理

CCD 图像传感器按结构分为线列阵器件和面列阵器件两大类。其基本组成部分是光敏元件阵列和电荷转移器。

1)线列阵 CCD 图像传感器。线列阵 CCD 图像传感器是将光敏元件排列成直线的器件,由光敏单元阵列、转移栅、移位寄存器三部分组成,其结构如图 4-16 所示。光敏单元、转移栅、移位寄存器是分三个区排列的,光敏单元与移位寄存器一一对应,光敏单元通过转移栅与移位寄存器相连。图 4-16(a)所示为单排结构,其主要用于低位数 CCD 传感器;图4-16(b)所示为双排结构,包括移位寄存器 1 和移位寄存器 2。其中,奇数位置上的光敏单元收到的光生电荷送到移位寄存器 1 串行输出;偶数位置上的光敏单元收到的光生电荷送到移位寄存器 2 串行输出;最后,两部分光生电荷合二为一,恢复光生电荷原来的顺序。显然,双排结构的图像分辨率是单排结构图像分辨率的 2 倍。

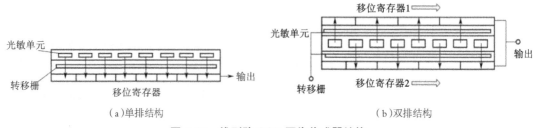

(a)单排结构　　　　　　　　　　　　　　(b)双排结构

图 4-16　线列阵 CCD 图像传感器结构

当光敏单元进行曝光(光积分)后产生光生电荷。在转移栅的作用下,将光敏单元产生的光生电荷耦合到各自对应的移位寄存器上去,这是一个并行转换过程。然后,光敏单元进入下一次光积分周期,同时在时钟作用下从移位寄存器中依次输出各位信息,直至输出最后一位信息为止,这是一个串行输出的过程。从以上分析可知,线列阵 CCD 图像传感器输出的信息是一个个的脉冲,脉冲的幅度取决于对应光敏单元上受光的强度,而输出脉冲的频率则和驱动时钟的频率一致。因此,只要改变驱动脉冲的频率,就可以改变输出脉冲的频率。

2)面列阵 CCD 图像传感器。这种传感器按 X、Y 两个方向实现了二维图像的捕捉。其把光敏单元按二维矩阵排列,组成一个光敏单元面阵。面列阵 CCD 图像传感器按传输方式分为场传输面列阵 CCD 图像传感器和行传输面列阵 CCD 图像传感器两种。场传输面列阵 CCD 图像传感器的结构,如图 4-17 所示。它由光敏单元面阵、存储器面阵、读出寄存器三部分组成。当光敏单元面阵进行光积分后,产生光生电荷,在转移脉冲作用下,将光敏单元面阵区的光生电荷全部迅速地转移到对应的存储区暂存,因为存储器面阵上覆盖了一层遮光层,可以防止外来光线的干扰。然后光敏单元面阵进入下一次光积分周期,同时存储器面阵里存储的光生电荷信息从存储器的底部开始,一排排地移到读出寄存器中,每向下移动一排,在时钟作用下,就从读出寄存器中顺序输出每行中各位的光信息。

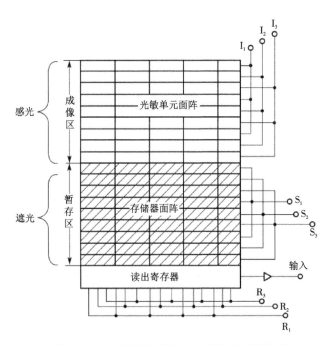

图 4-17　场传输面列阵 CCD 图像传感器结构

行传输面列阵 CCD 图像传感器的结构,如图 4-18 所示。它由光敏单元、存储器、转移栅、读出移位寄存器四部分组成。其一行光敏单元、一行不透光的存储器元件交替排列,一一对应,二者之间由转移栅控制,最下部是读出移位寄存器。当光敏单元进行曝光(光积分)后产生光生电荷,在转移栅的控制下,光生电荷并行转移到存储器中暂存;然后光敏单元进入下一次光积分周期,同时存储器里的光生电荷信息移到读出移位寄存器中;最后在时钟作用下,读出移位寄存器顺序输出每列每位的光信息。

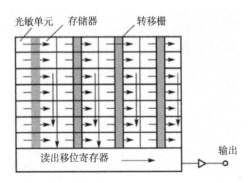

光敏单元　存储器　　转移栅

读出移位寄存器　　　　　　　　输出

图 4-18　行传输面列阵 CCD 图像传感器结构

（2）CMOS 图像传感器工作原理

CMOS 图像传感器通常包括像素单元阵列与外围辅助控制电路两部分。像素单元阵列是 CMOS 图像传感器的核心,主要实现光电信号的转换,并输出电信号。外围辅助控制电路包括时钟控制器、时序发生器、模拟信号处理器、模数转换器、通信和数据传输接口电路等,主要作用是产生像素单元的驱动信号、将模拟信号进行放大和模数转换处理。CMOS 图像传感器的工作过程:光学镜头将景物传来的光聚焦到图像传感器的像素单元阵列上;时序发生器对像素单元阵列复位后开始进行光电转换,产生光生电荷,形成电信号;行列选择译码器依次选通行列总线,将电信号输出到模拟信号处理模块进行降噪处理,使电信号获得较好的信噪比;电信号经模数转换器转换成数字信号输出。

4.3　多传感器数据融合技术

1. 数据融合级别

多传感器数据融合是指将多个传感器的信息在同一空间、同一时间进行合并,或将同一个传感器的多个特征信息以某种确定的规则进行合并和配合,从而获得完整、准确的环境信息。多传感器数据融合的基本原理与人脑综合处理信息的方式类似,即充分利用多个传感器资源,通过对多传感器及其观测信息的合理支配和使用,把多传感器在空间或时间上的可冗余或互补信息,依据某种准则来进行组合,以获得被测对象的一致性解释或描述。多传感器数据融合的概念最早是由 Tenney 和 Sandell 在 20 世纪 70 年代末期提出的。根据融合系统中融合前数据所处的层级,数据融合可以分为三个级别:数据级、特征级和决策级。

（1）数据级融合

数据级融合是将各传感器对同一目标采集到的信息不经过预处理直接进行融合分析,这是最低层次的数据融合方式。在数据级融合中,将经过传感器采集到的同一场景数据信息在数据级上进行数据融合,再将融合后的数据进行特征提取、分类识别及数据估计等处理,最后得到检测的最终数据,如图 4-19 所示。在实际应用过程中一般很少用到数据级融合。首先,因为传感器采集到的数据量较大,对其处理代价很高且时间长、实时性差、抗干扰能力也较弱等;其次,因为是直接对传感器采集到的原始数据进行处理,这其中存在着数据的不完整性和稳定性差等因素;最后,数据级融合要求各传感器都得是同质传感器,这一般难以实现。

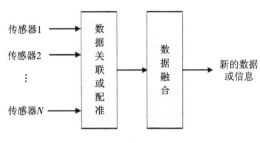

图 4-19　数据级融合

（2）特征级融合

特征级融合是对系统中各个传感器所采集到的最底层数据进行特征提取,然后将提取到的数据进行融合处理和分析,它属于中间层次的融合。通常来说,提取到的信息能够完全包括被测对象的所有信息,然后再对这些提取到的多传感器特征信息进行分类与融合,如图4-20 所示。特征级融合的好处是它将传感器采集到的特征信息进行压缩,这样便于实时地对多传感器系统采集到的信息进行处理。同时,由于系统提取到的特征信息与最终决策分析的结果具有密切的关联,因此特征级融合的结果能够更加精确地为决策层提供更为直观的数据信息。与单传感器相比,特征级数据融合为系统提供了更多的特征数据信息,大大增加了系统的特征空间维数,从而提高了系统的检测精度。

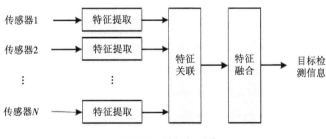

图 4-20　特征级融合

（3）决策级融合

决策级融合属于上层融合方式,如图 4-21 所示。决策级融合系统中的各个传感器需要完成本地决策,对被测对象先有一个初步的决策结果,然后再做进一步的数据融合处理;紧接着将各传感器初步决策的结果进行关联处理,以保证参与数据融合的传感器采集到的数据是源自同一被测对象;进而将系统中监测同一对象的所有传感器决策的结果进行融合判决,得到最后的结果。

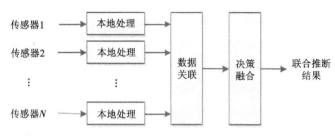

图 4-21　决策级融合

决策级融合主要是综合多个传感器初步决策结果而得到最终结果。相对来说,其最后得到的决策结果的精度较高,理论上会高于多个传感器中任意一个所得的结果。由于决策级融合方法具有较好的实时性和容错性,且具有抗干扰能力强、对传感器的依赖性小、数据融合处理的代价低等优点,因此多传感器数据融合中的大多数场合都用决策级融合。需要注意的是,当各个传感器之间接收的数据信号不是相互独立的时候,决策级融合的分类性能不如特征级融合的分类性能。

2. 数据融合方法

作为一种智能化数据综合处理技术,数据融合是许多传统学科和新技术的集成与应用。广义的数据融合涉及检测技术、信号处理技术、通信技术、模式识别技术、决策论、不确定性理论、估计理论、最优化理论,以及计算机科学、人工智能和神经网络等诸多学科。数据融合所采用的信息表示和处理方法均来自上述领域。目前,多传感器数据融合的理论方法主要有判断或检测理论、估计理论、数据关联方法。下面以贝叶斯(Bayes)估计和 D-S(Dempster-Shafer)证据理论为例进行介绍。

（1）贝叶斯估计

设概率事件 A、$B \in$ 事件域 F,且事件 A 出现的概率 $P(A)>0$,则有

$$P(A|B) = \frac{P(AB)}{P(A)} \tag{4-5}$$

$P(A|B)$ 为事件 A 发生条件下,事件 B 发生的条件概率。式(4-5)中, $P(AB)$ 为事件 A、B 都发生的概率。若 B_1、B_2,…,B_n 为基本事件空间 Ω 的一个划分,且 $P(B_i)>0$ ($i=1, 2,…, n$)。则对任一事件 $A \in F$, $P(A)>0$,有

$$P(B_i|A) = \frac{P(A|B_i)P(B_i)}{\sum_{i=1}^{n} P(A|B_i)P(B_i)} \tag{4-6}$$

式中, $P(B_i)$ 是根据已有数据分析所得的,称为先验概率; $P(B_i|A)$ 是在得到新的信息后,重新加以修正的概率,称为后验概率。式(4-6)即为 Bayes 公式。

下面介绍基于 Bayes 估计数据融合的数学模型。设在某一时刻被测样品的状态为 x,传感器的测量值为 I,则该传感器的测量模型是

$$I = f(x) + u \tag{4-7}$$

式中, $f(x)$ 为 I 与 x 的函数关系; u 为随机误差。智能检测系统中的数据融合,就是从 n(有

限）个传感器得到的测量值 I_1，I_2，…，I_n 中估计出状态 x 的真实值。对于智能检测系统中单个传感器S_1的测量结果，设其测量值为 I，状态 x 的估计值为$\hat{x}(I)$，并定义 $L[\hat{x}(I)，x]$ 为损失函数，根据 Bayes 估计，相应的风险表达式为

$$R = EL[\hat{x}(I)，x]$$
$$= \int \mathrm{d}I \cdot P(I) \int \mathrm{d}x \cdot P(x|I)\left[\hat{x}(I)，x\right] \tag{4-8}$$

式中，$P(I)$ 为检测数据的分布概率；$P(x|I)$ 为状态 x 的后验概率。取风险最小的估计准则，必须有

$$\left.\frac{\partial R}{\partial x}\right|_{x=\hat{x}(I)} = 0 \tag{4-9}$$

这样，才能获得状态的估计值$\hat{x}(I)$。由式（4-8）可知，对应不同的 $L[\hat{x}(I)，x]$，将得到不同的估计结果。常用的 $L[\hat{x}(I)，x]$ 有以下三种形式：

$$L[\hat{x}(I)，x] = (x-\hat{x})^{\mathrm{T}}A(x-\hat{x}) \tag{4-10}$$

$$L[\hat{x}(I)，x] = (x-\hat{x})^{\mathrm{T}}A(x-\hat{x})^{1/2} \tag{4-11}$$

$$L[\hat{x}(I)，x] = \begin{cases} 1，\|\hat{x}(I)-x\| \geq \dfrac{\varepsilon}{2} \\[2mm] 0，\|\hat{x}(I)-x\| < \dfrac{\varepsilon}{2} \end{cases} \tag{4-12}$$

式中，A 是正定权矩阵，ε 为任意小的正数。相应的状态最优估计值分别如下。

后验均值估计：

$$\hat{x}_{\mathrm{opt}}(I) = \int_{-\infty}^{+\infty} xP(x|I)\mathrm{d}x \tag{4-13}$$

后验中位数估计：

$$\int_{-\infty}^{\hat{x}_{\mathrm{opt}}(I)} P(x|I)\mathrm{d}x = \int_{\hat{x}_{\mathrm{opt}}(I)}^{+\infty} P(x|I)\mathrm{d}x \tag{4-14}$$

最大后验估计：

$$P(\hat{x}_{\mathrm{opt}}(I)|I) = \max_x P(x|I) \tag{4-15}$$

在系统中加入另一个独立的传感器S_2，其测量值为I_2。将原有的传感器的测量值记为I_1，则基于 $I=(I_1 I_2)$ 寻求到的最优估计$\hat{x}(I)$即为数据融合后的值。显然，在这种抽象水平上，$\hat{x}(I_1 I_2)$ 与$\hat{x}(I_1)$的估计算法是一致的。因此，基于式（4-12）定义的损失函数的状态最优估计为

$$P(\hat{x}_{\mathrm{opt}}(I_1 I_2)|I_1 I_2) = \max_x P(x|I_1 I_2) \tag{4-16}$$

如果系统中有 n 个独立的传感器S_1，S_2，…，S_n，类似地，可得到基于式（4-16）定义的损失函数的 n 个传感器的测量数据的融合值：

$$P(\hat{x}_{\mathrm{opt}}(I_1 I_2 \cdots I_n)|I_1 I_2 \cdots I_n) = \max_x P(x|I_1 I_2 \cdots I_n) \tag{4-17}$$

至此，多传感器融合问题就转化为如何得到状态 x 的后验概率 $P(x|I)$，并找到相应的最大后验估计值$\hat{x}(I)$的问题。

根据 Bayes 定理有

$$P(\boldsymbol{x} \mid I_1 I_2 \cdots I_n) = \frac{P(\boldsymbol{x}) P(I_1 I_2 \cdots I_n \mid \boldsymbol{x})}{P(I_1 I_2 \cdots I_n)} \qquad (4\text{-}18)$$

可以认为 n 个独立的传感器测得的量是统计上独立的，即

$$P(I_1 I_2 \cdots I_n \mid \boldsymbol{x}) = \prod_{i=1}^{n} P(I_i \mid \boldsymbol{x}) \qquad (4\text{-}19)$$

由式（4-18）、式（4-19）及 Bayes 定理有

$$P(\boldsymbol{x} \mid I_1 I_2 \cdots I_n) = \frac{\displaystyle\prod_{i=1}^{n} P(\boldsymbol{x} \mid I_i) \prod_{i=1}^{n} P(I_i)}{\left[P(\boldsymbol{x})\right]^{n-1} P(I_1 I_2 \cdots I_n)} \qquad (4\text{-}20)$$

式中，$P(\boldsymbol{x} \mid I_1 I_2 \cdots I_n)$ 和 $\prod_{i=1}^{n} P(I_i)$ 均与 $\boldsymbol{x}$ 无关，可视为归一化因子，在求最大后验估计 $\hat{\boldsymbol{x}}(\boldsymbol{I})$ 时不予考虑。因而式（4-17）可变为

$$\frac{\displaystyle\prod_{i=1}^{n} P(\hat{\boldsymbol{x}}_{\text{opt}} \mid I_i)}{\left[P(\hat{\boldsymbol{x}}_{\text{opt}})\right]^{n-1}} = \max_{\boldsymbol{x}} \frac{\displaystyle\prod_{i=1}^{n} P(\boldsymbol{x} \mid I_i)}{\left[P(\boldsymbol{x})\right]^{n-1}} \qquad (4\text{-}21)$$

式中，$P(\boldsymbol{x} \mid I_i)$ 为得到传感器检测量 I_i 后，对状态 $\boldsymbol{x}$ 的后验估计。

（2）D-S 证据理论

证据理论是多源信息融合技术领域中的一种重要信息融合方法。其中，D-S 证据理论占据了重要的地位。D-S 证据理论由 Dempster 于 1967 年首先提出，之后由他的学生 Shafer 进行完善，是一种不确定性推理计算方法。随着信息多源化的发展，多源信息融合技术在目标识别、状况评估、故障诊断等领域的应用需求不断增强。

1）识别框架。在证据理论中，证据的推理建立在一个非空有限集合的样本空间上，这个样本空间被称为识别框架（frame of discriminate），若 $\Theta = \{A_1, A_2, \cdots, A_n\}$ 为可能发生事件的所有集合，A_i 为识别框架 Θ 的一个子集。Θ 中的子集两两互相排斥，包含识别框架的全部识别对象，常用 2^{Θ} 表示。

2）基本概率分布。对于 2^{Θ} 中的任何命题 A，定义映射 $m: 2^{\Theta} \rightarrow [0,1]$ 为基本概率赋值函数。m 满足下式：

$$\begin{cases} 0 \leq m(A) \leq 1 \\ m(\varnothing) = 0 \\ \displaystyle\sum_{A \in \Theta} m(A) = 0 \end{cases} \qquad (4\text{-}22)$$

式中：$\varnothing$ 表示空集，即不可能发生的命题；$m(A)$ 反映证据对于命题 A 的支持程度。

3）组合规则。作为证据理论的核心内容，D-S 证据理论融合的基本策略就是将多个证据体的概率函数进行正交运算，一般用 $\oplus$ 表示组合运算，即

$$m = m_1 \oplus m_2 \oplus \cdots \oplus m_i \qquad (4\text{-}23)$$

对于 2 个证据体 A_i 和 B_j 的 Dempster 组合规则定义为

$$m(A) = m_1(A_i) \oplus m_2(B_j) = \begin{cases} \dfrac{\displaystyle\sum_{A_i \cap B_j = A} m_1(A_i) \cdot m_2(B_j)}{1-k}, & \forall A \subset \Theta, A \neq \varnothing \\ 0, & A = \varnothing \end{cases} \tag{4-24}$$

其中，$k = \displaystyle\sum_{A_i \cap B_j = \varnothing} m_1(A_i) \cdot m_2(B_j)$。

同理，在多证据体的情况下，Dempster 组合规则定义为

$$m(A) = \begin{cases} \dfrac{\displaystyle\sum_{\cap A_i = A} \prod_{i=1}^{n} m_i(A)}{1-k}, & A \neq \varnothing \\ 0, & A = \varnothing \end{cases} \tag{4-25}$$

$$k = \sum_{\cap A_i = A} \prod_{i=1}^{n} m_i(A_i) \tag{4-26}$$

式（4-25）和（4-26）中：$1/(1-k)$ 为归一化因子；n 表示发生事件的个数；k 为冲突系数，反映证据体 A_i 和 B_j 之间冲突程度的大小，冲突系数值越大，证据体之间的冲突越大，k 的范围为 $[0,1]$。另外，Dempster 组合规则满足数学中的结合律和交换律，即多证据组合运算的结果与计算顺序无关。

4.4　传感器系统应用案例

1. 磁性开关的应用

当有磁性物质接近磁性开关时，开关动作并输出开关信号。在实际应用中，可在被测物体上，如在气缸的活塞（或活塞杆）上安装磁性物质，在气缸缸筒外面的两端位置各安装一个磁性开关，就可以用这两个磁性开关分别标识气缸运动的两个极限位置，如图 4-22 所示。

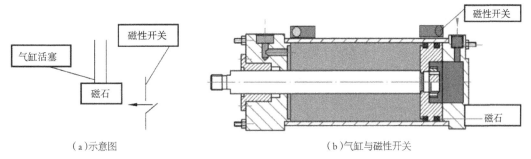

（a）示意图　　　　　　　　　　　　　（b）气缸与磁性开关

图 4-22　磁性开关的应用

2. 光电编码器的应用

光电编码器可用于测量传送带移动的距离，如图 4-23 所示。测量时，可将光电编码器直接连接到传送带的主动轴上。该光电编码器的三相脉冲采用 NPN 型集电极开路输出，分辨率为 500 线（即旋转编辑器转 1 周输出 500 个脉冲），工作电源为 DC 12 ~ 24 V。图 4-23 所示系统的工作单元没有使用 Z 相脉冲，A、B 两相输出端直接连接到 PLC 的高速计

数器输入端。计算工件在传送带上的位置,需确定每两个脉冲之间的距离即脉冲当量。系统的主动轴的直径 d=43 mm, 则电动机每旋转一周,传送带上的工件移动距离 L=π × d=3.14×43=135.02 mm,故脉冲当量 $μ$=L/500=0.27 mm。因此,当工件移动距离为 164 mm 时,旋转编码器输出 607 个脉冲。

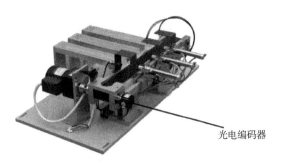

图 4-23　光电编码器的应用

3. 图像传感器的应用

用线列阵 CCD 图像传感器测量物体尺寸的基本原理如图 4-24 所示。当所用光源含红外光时,可以在透镜与传感器间加红外滤光片。利用几何光学知识可以推导出被测对象长度 L 与系统参数之间的关系式:

$$L = \frac{1}{M}np = \left(\frac{a}{f} - 1\right)np$$

式中　f——透镜焦距;

　　　a——物距;

　　　M——倍率;

　　　n——线列阵 CCD 图像传感器的像素数;

　　　p——像素间距。

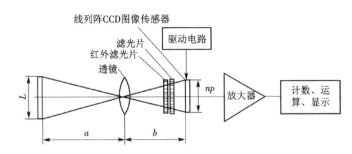

图 4-24　线列阵 CCD 图像传感器测量物体尺寸的基本原理

4. 激光雷达的应用

激光雷达是以发射激光束来探测目标位置的雷达系统,其工作范围在红外和可见光波段。根据扫描机构的不同,激光雷达有二维和三维两种。它们中的大部分都是靠一个旋转的反射镜将激光发射出去,并通过测量发射光和物体表面反射光之间的时间差来测距。三维激光雷达的反射镜还附加一定范围的俯仰,以达到面扫描的效果。激光雷达在测量过程中,能够充分有效地探测出相应的信息和数据,构建起较为完整的三维数据体系,并加以良好显示。将激光雷达应用在无人驾驶汽车领域中,将能够起到良好的效果。当前很多装备有高级驾驶辅助系统的量产车中,配置了良好的雷达技术,在推进汽车安全稳定驾驶方面具有积极作用。而无人驾驶系统之中,对于安全性、精度性等方面要求较高,需要保证检测的可靠性和高精度性,简单的雷达技术无法满足无人驾驶领域的发展需求。激光雷达作为检测精度更高的现代化传感器,对于无人驾驶汽车领域的总体发展具有积极意义。激光雷达在实际应用过程中,充分使用了接收装置、激光发射和透镜构件,借助于飞行时间原理,获取到目标物体的各项特征数据,包括位置、移动速度、距离,并将其传输到数据处理器。数据处理器能够开展切实有效的处理活动,进而发布出相应的指令,如主动控制指令、被动警告指令,实现辅助驾驶,甚至是无人驾驶汽车的功能。

5. 工业机器人传感器

(1)工业机器人传感器的分类

机器人的很多功能都是依靠传感器来实现的。为了使机器人具有在实现在复杂、动态及不确定性环境中的自主性,或为了检测作业对象、环境,以及机器人与它们之间的关系,目前各国的研究者逐渐将视觉、听觉、热觉、力觉传感器等具有多种不同功能的传感器合理地组合在一起,形成机器人的感知系统,为机器人提供更为详细的外界环境信息,进而促使机器人对外界环境变化做出实时、准确、灵活的行为响应。

工业机器人传感器的种类繁多,分类方式也不唯一。根据传感器在系统中的作用来划分,工业机器人传感器可分为内部传感器和外部传感器。其中,内部传感器是为了检测机器人的内部状态,在伺服控制系统中作为反馈信号,如位移、速度、加速度传感器等;外部传感器是为了检测作业对象及环境,及其与机器人的联系,如视觉、触觉、力觉、距离传感器等。

内部传感器是测量机器人自身状态的功能元件,具体检测的对象有关节的线位移、角位移等几何量,速度、角速度、加速度等运动量,还有倾斜角、方位角、振动等物理量,即主要用来采集来自机器人内部的信息。而外部传感器则主要用来采集机器人和外部环境以及工作对象之间相互作用的信息。内部传感器常在控制系统中用作反馈元件,检测机器人自身的状态参数,如关节运动的位置、速度、加速度等;外部传感器主要用来测量机器人周边环境参数,通常跟机器人的目标识别、作业安全等因素有关。例如,视觉传感器既可以用来识别工作对象,也可以用来检测障碍物。从机器人系统的观点来看,外部传感器的信号一般用于规划决策层,也有一些外部传感器的信号被底层的伺服控制层所利用。

某些传感器既可作为内部传感器使用,又可作为外部传感器使用。例如,当力传感器用于末端执行器或操作臂的自重补偿时,其是内部传感器;当用于测量操作对象或障碍物的反作用力时,其是外部传感器。

(2)典型的工业机器人传感器系统

用于搬运的机器人,如果不具备完善的感觉系统,那么其只是在指定的位置上抓取确定的零件。而且,在机器人实现自动搬运前,既需要给机器人定位,还需要采用某种辅助设备或工艺措施,确定被抓零件的准确位置和姿态。这既增加了加工工序,也使得设备整体结构更加复杂。为了改善这种状况,可以为搬运机器人增加必要的感觉能力,如视觉、触觉和力觉等。其中,视觉传感系统用于被抓取零件的粗定位,使机器人能够根据任务要求,寻找所需的零件,并确定该零件的大致位置;触觉传感系统用于感知被抓取零件是否到位,还可以获取该零件的准确位置和姿态,有助于提高机器人抓取零件的准确性;力觉传感系统主要用于控制搬运机器人手爪的夹持力,防止手爪损坏被抓取的零件。

　　装配机器人对传感器的要求与搬运机器人相似,通常也需要视觉、触觉和力觉等感觉能力。但是,装配机器人对工作位置的精度要求更高,如销、轴、螺钉和螺栓等的装配工作就需要非常高的精度。为了获得零件的精确装配位置,装配机器人通常利用视觉系统选择合适的装配零件并大致定位,利用触觉系统自动修正装配位置。

　　喷漆机器人一般需要两种传感系统:一种用于位置(或速度)检测,另一种用于物体识别。位置检测传感器包括光电开关、测速码、超声波测距传感器、气动安全保护器等。当喷漆工件进入喷漆机器人的工作范围时,光电开关被打开,通知正常喷漆要求。超声波测距传感器,一方面可用于检测待喷漆零件的到达,另一方面可监测机器人及其周围设备的相对位置变化,以避免发生碰撞。一旦喷漆机器人的末端执行器与周围物体碰撞,气动安全保护器将自动切断机器人的电源,减少不必要的损失。现代生产往往采用多种混合加工的柔性生产方式。喷漆机器人系统必须同时处理不同种类的工件,要求其具有零件识别功能。因此,当待喷漆工件进入喷漆操作区域时,喷漆机器人需要识别工件的类型,然后从内存中提取相应的加工程序进行喷漆。该任务的传感器包括阵列触觉传感器系统和视觉系统。由于制造水平的限制,阵列触觉传感器系统只能识别形状简单的工件,而视觉系统则可对形状复杂的工件进行识别。

习题与思考题

　　1)试选择一个能够测量物体材质是否为金属材质的传感器。

　　2)查找 3 种新型传感器的资料,熟悉其原理。

　　3)图像传感器有 CCD 型和 CMOS 型两种,试比较两种图像传感器的优缺点。

第 5 章 控制系统

5.1 概述

　　机电一体化系统中的控制系统是整个系统的"大脑"与"神经",负责整个系统中各部件的协调工作。机电一体化系统中的控制主要包括控制理论、计算机控制接口技术和伺服驱动控制技术。控制系统设计是综合运用上述各种知识的过程,不同产品所需要的控制功能、控制形式和动作控制方式也不尽相同。由于采用微机作为机电一体化系统或产品的控制器,因此其控制系统的设计就是微机选用、接口设计、控制形式和动作控制方式选用的问题。这不仅需要微机控制理论、数字电路、软件设计等方面的知识,也需要一定的生活和生产工艺知识。下面介绍机电一体化控制系统的基本概念、相关控制理论和计算机控制技术。

5.1.1 控制的基本概念

　　控制指为达到某种目的,对某些对象施加所需的操作。目前,控制技术已广泛地应用在各行各业,如温度控制、微机控制等。在机电一体化系统中,控制更是无处不在,任何技术设备、机器以及其生产过程都必须按照预定的要求运行。例如,数控机床要加工出高精度的零件,就必须保证刀架的位置准确地跟随进给;焊接工业机器人要保证焊接的质量,就必须保证驱动电机能够驱动各个关节,使机器人精确地按照焊缝的轨迹运动。其中,数控机床是用于工作的机器设备;刀架位置、关节状态是表征这些机器设备工作状态的物理量。常把这些用于工作的机器设备的状态称为被控量(或被控对象),相对被控量而言,给定量(或控制量)就是理想的刀架位置、关节状态。因此,控制的基本任务可概括为使被控量与给定量等值。

　　为了实现各种复杂的控制任务,首先要将机器设备和控制装置按照一定的方式连接起来形成一个有机体,这个有机体称为控制系统。按照控制理论,机电一体化自动控制系统如图 5-1 所示。

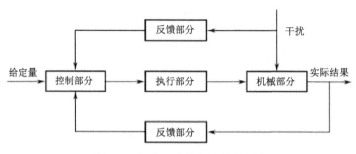

图 5-1　机电一体化自动控制系统

1）控制部分相当于人类的大脑和神经系统，是机电控制系统的中枢。它的作用是将系统的控制信息和来自传感器的反馈信息进行处理和判断，并向执行部分发出指令。

2）执行部分的作用是将来自控制部分的电信号转换为机械能。

3）机械部分是能够实现某种运动的机构。

4）反馈部分是对输出端的机械运动结果进行测量、监控、比较和调整。

5.1.2　控制分类

1."量"控制与"逻辑"控制

一般来说，控制可分为两类：以速度、位移、温度、压力等数量大小为控制对象；以物体的"有""无""动""停"等逻辑状态为控制对象。以数量大小为对象的控制可根据表示数量大小的信号种类分为模拟控制和数字控制。

1）模拟控制是将速度、位移、温度或压力等变换成大小与其对应的电压或电流等模拟量进行信号处理的控制。其信号处理方法称为模拟信号处理，采用模拟信号处理的控制，即为模拟控制。

2）数字控制是把要处理的"量"变成数字量进行信号处理的控制。其信号处理方法称为数字信号处理，采用数字信号处理的控制，即为数字控制。

模拟控制的精度不高，不适用于复杂的信号处理；数字控制可用于精度要求高和信号运算比较复杂的场合。

以逻辑状态为控制对象的控制称为逻辑控制，通常处理开关的"通""断"，灯的"亮""灭"，电动机的"运转""停止"之类的"1"与"0"二值逻辑信号。逻辑控制又称顺序控制，称为逻辑控制是强调信号处理的方式，称为顺序控制是强调对被控对象的作用。

2. 开环控制与闭环控制

在以数量大小、精度高低为控制对象的控制系统中，将输出的结果与目标值比较的差值作为偏差信号，控制输出结果，这种控制系统就是闭环控制系统。以目标值为系统输入，对输出结果不予检测的控制系统是开环控制系统。在闭环控制系统中，由于将检测的输出结果返回到输入端与目标值进行比较，所以又称为反馈控制。图 5-2 所示为闭环控制系统的输入与输出信号之间的关系。

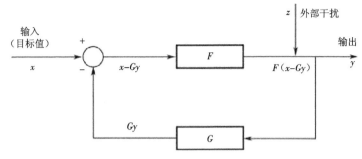

图 5-2　闭环控制系统原理

3. 连续控制与非连续控制

在模拟控制中,输入与输出的对应关系一般是以无时间差的情况下用微分方程的形式表示。这样,输入与输出在时间上保持连续的关系,称为连续控制。在机电一体化系统中广泛使用数字控制,其中采用微处理器作为数字运算装置。在数字运算装置中,若从给出输入数值到得出运算结果并输出数值之间存在时间差(滞后时间),则称这种在时间上有不连续关系的控制方式为非连续控制。在非连续控制中,每隔一定周期进行一次运算(采样),并把运算结果保持到下一运算周期的控制方式,称为采样控制。如果使不连续控制的滞后时间足够小,当然就接近于连续控制了,但连续控制与非连续控制用于反馈控制时,往往表现出完全不同的情况,因此必须注意。

4. 线性控制与非线性控制

由线性元件构成的控制系统称为线性控制系统。对机械系统来讲,凡是具有固定传动比的机械系统(齿轮、齿条、带轮等)都是线性系统,控制方程一般用线性方程表示。含有非线性元件的控制系统称为非线性控制系统。对机械系统来讲,只要含有非线性元件(如凸轮、拨叉、连杆机构等)都是非线性系统,其控制方程一般用微分方程表示。

线性控制应满足下列线性运算的性质。

1)均匀性。若系统对输入 $f(t)$ 的响应是 $x(t)$,则它对输入 $af(t)$ 的响应是 $ax(t)$,其中 a 是常数。

2)重叠性。若系统对输入 $f_1(t)$ 的响应是 $x_1(t)$,对输入 $f_2(t)$ 的响应是 $x_2(t)$,则它对输入 $f(t)=f_1(t)+f_2(t)$ 的响应是 $x(t)=x_1(t)+x_2(t)$。

若控制系统不满足上述两个性质,则为非线性控制。

严格来说,理想的线性元件是不存在的,一般元件的参数多少都会随着信号的大小而有所变化,如电阻的阻值随温度高低、电流大小而变化,电感铁芯的磁导率也随电流而变化等。即使元件都是线性的,但在系统工作中也不可避免地存在一些非线性因素,如在机电一体化系统中,传动系统中的齿隙、游隙和摩擦等都是非线性因素。

5. 点位控制和轨迹控制

点位控制是在允许加速度条件下,尽可能以最大速度从坐标原点运动到目的坐标位置,对两点之间的轨道没有精度要求,如图 5-3(a)所示。轨迹控制又称为连续路径控制,包括直线运动控制和曲线运动控制。这类控制对于运动轨迹上的每一点坐标都具有一定的精度要求,需要采用插补技术生成控制指令,如图 5-3(b)所示。

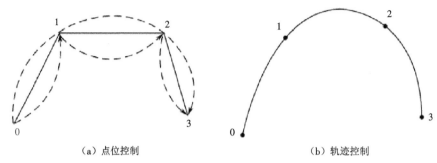

（a）点位控制　　　　　　　　　　　　　（b）轨迹控制

图 5-3　点位控制和轨迹控制

5.1.3　动作控制方式及特点

机电一体化系统的动作控制方式指其执行机构从一点移动到另一点的过程中,对位置、速度或加速度等的控制方式。

1. 位置控制方式

位置控制方式按其控制指令来分,有绝对值控制方式和增量值控制方式。绝对值控制方式是先确定基准坐标系,以此坐标系的坐标值为位置控制指令;而增量值控制方式则以从当前位置向下一个位置移动所需的移动量为控制指令。

（1）步进电动机定位

步进电动机定位是以步进电动机为执行单元,用对应于所需移动量的脉冲数驱动步进电动机进行定位的,这种定位方式的结构简单,常用于定位精度要求不太高的地方。由于步进电动机的起动脉冲频率有上限,超过此频率就会出现丢步现象,破坏脉冲与转角的比例关系,因此在使用一定频率脉冲的情况下,难以提高动作速度。在采用计算机控制的机电一体化系统中,使用计算机程序进行运算,可在不丢步的范围内缓慢加速,接近目标位置时缓慢减速,达到目标位置时停止,提高了使用步进电动机时的运动速度。

（2）直流(或交流)伺服电动机定位(绝对值方式)

对于高速度和高精度的定位,需采用反馈控制。检测位置反馈信号的位置检测传感器也有绝对值和增量值两种控制方式。绝对值方式位置检测器多使用感应同步器、旋转变压器等,将检测的信号反馈给指令输入端并与绝对位置指令信号进行比较,通过控制使两者一致。直流伺服电动机定位(绝对值方式)的原理如图 5-4 所示。这种控制由计算机发出位置指令信号,通过 D/A 转换为模拟信号,并与检测出的位置量反馈信号进行比较。

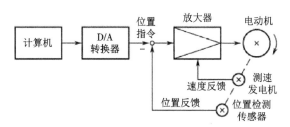

图 5-4　直流伺服电动机定位(绝对值方式)

(3)直流(或交流)伺服电动机定位(增量值方式)

直流伺服电动机定位(增量值方式)是利用计算机的一种增量式脉冲控制方式,其原理如图 5-5 所示。在直流伺服电动机上装有脉冲发生器,由于电动机只能转动相应于脉冲数的转角,因此用直流伺服电动机的高速响应性实现了类似于步进电动机的功能。这种方法是在要求高性能定位的机电一体化系统中常用的方法。

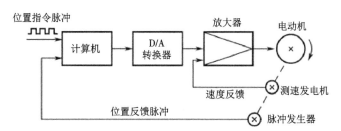

图 5-5　直流伺服电动机定位(增量值方式)

2. 速度控制方式

(1)速度的模拟反馈控制

速度的模拟反馈控制原理如图 5-6 所示。电动机为直流(或交流)伺服电动机,采用测速发电机产生的与电动机转速成比例的电压作为速度反馈信号。其工作原理是利用电压比较电路,以设定电压 U_1 与测速发电机的输出电压 U_3 之差 ΔU 的形式求出设定转速与实际转速之差。如果实际转速比设定转速低,电压差就大,从而电枢电压 U_2 增大,电动机转速也升高,于是电动机就以规定电压与测速发电机输出电压大致相同时的转速连续旋转。

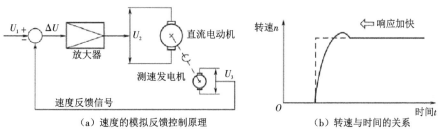

(a)速度的模拟反馈控制原理　　　　(b)转速与时间的关系

图 5-6　速度的模拟反馈控制

（2）速度的数字反馈控制

速度的数字反馈控制原理如图 5-7 所示。这种控制方式为锁相闭环控制,可以实现高精度的速度控制,适用于音频设备的速度控制。控制伺服放大器的输出与输入脉冲和速度反馈脉冲的相位差 α 成正比。速度指令脉冲采用频率为 f_1 的脉冲系列,脉冲发生器产生与电动机转速成比例的频率为 f_2 的脉冲系列,用相位比较器比较两个脉冲信号的相位差,通过控制使其相位达到一致,从而达到控制速度的目的。

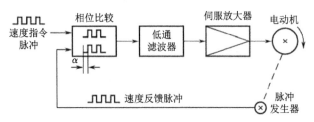

图 5-7　速度的数字反馈控制

3. 伺服控制机构分类

按动力源来分,目前使用的伺服控制机构有电气伺服和电 - 液(气)伺服等类型。在电 - 液伺服控制机构中(见图 5-8),目标值 P_1 增加时,它与位置反馈信号 P_0 的偏差 E 为正,电 - 液伺服阀的滑阀离开中位右移,液压源的高压油流入油缸的左侧。同时,油缸右侧的油经伺服阀返回油箱,油缸活塞杆向右移动,推动负载右移。用位置传感器(如电位器)检测活塞杆的位置,传感器的输出为 P_0。当 P_0 与目标值 P_1 的偏差 E 为零时,伺服阀的滑阀返回中位,活塞杆停止定位。

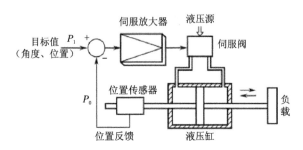

图 5-8　电 - 液伺服控制系统

电 - 气伺服机构也是以同样的方法进行位置控制的,如图 5-9 所示。当其目标值 P_1 增加,偏差信号 E 为正时,直流伺服电动机的伺服放大器产生驱动电流 I,电动机转动,经减速器减速带动负载转动。负载轴(或电动机轴)上装有角度传感器(如编码器),产生检测信号 P_0 并与目标值 P_1 进行比较,直至负载轴(或电动机轴)回转到偏差值 E 为零时停止。

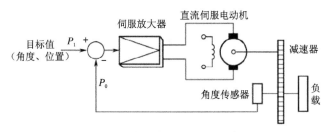

图 5-9 电－气伺服控制系统

除上述根据动力源对伺服控制机构进行分类外,还可根据位置、速度及控制信号的处理方法进行分类。对电－气伺服控制机构来说,可分为以下 3 种。

（1）模拟伺服控制

偏差的运算及电动机的位置、速度信号等全部使用模拟信号控制就是模拟伺服控制,如图 5-10 所示。它使用模拟运算回路进行偏差的运算,用电位器进行位置检测,用测速发电机进行速度检测。这种伺服控制方式是最早被采用的,也是最基本的伺服控制方式。

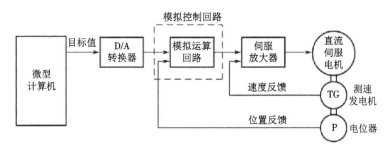

图 5-10 模拟伺服控制系统

（2）数字伺服控制

在数字伺服控制系统中,直流伺服电动机的转角与速度全部用脉冲编码器检测,目标值与位置信号的偏差用计数器进行运算,如图 5-11 所示。它使用数字控制回路进行偏差运算及位置与速度检测运算。控制位置时,首先由偏差计数器对指令脉冲计数,并通过 D/A 转换器将这个数字信号值变换成模拟信号输入伺服放大器,伺服放大器的输出驱动直流伺服电动机转动。通过脉冲编码器将电动机的回转角度变换成脉冲信号,并反馈到偏差计数器,当反馈信号与指令信号的偏差为零时,电动机停止回转。又由于电动机的回转速度与脉冲编码器的频率成比例,所以用 F/U（频率／电压）转换器将这个脉冲频率变换成直流电压就可以得到速度值。

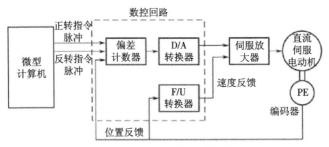

图 5-11　数字伺服控制系统

（3）软件伺服控制

位置与速度反馈环的运算处理全部由微型计算机实时地用软件进行处理的伺服控制可以称为软件伺服控制,如图 5-12 所示。它将脉冲编码器与测速发电机检测到的电动机转角与速度信号读入微型计算机,并用预先编好的计算机程序对上述信号(按采样周期)进行实时运算处理,然后由计算机发出驱动电动机的信号。从确保伺服系统的稳定性来看,也可以将速度信号的一部分直接反馈给伺服放大器。这种控制方法不但硬件结构简单,而且可以用软件灵活地对伺服系统做各种补偿,这是其最大特点。但是,因为微型计算机的运算程序直接置入伺服系统中,使采样周期变长,对伺服系统的特性就有影响,不但使控制性能变差,还使伺服系统变得不稳定。为此,就要求微型计算机具有对数据高速运算和高速处理的能力。

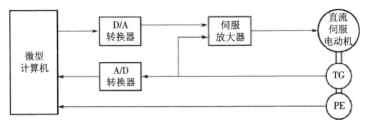

图 5-12　软件伺服控制系统

5.2　计算机控制技术

5.2.1　计算机控制系统的组成与特点

计算机控制技术是自动控制理论与计算机技术相结合的产物。目前,在机电一体化系统中,多采用以控制计算机为核心的计算机控制系统。计算机控制系统与通常的连续控制系统的主要差别:是可以实现过去连续控制难以实现的更为复杂的控制规律,如非线性控制、逻辑控制、自适应控制和智能控制等。计算机控制系统由控制计算机及接口电路硬件、控制软件和控制对象等部分组成,如图 5-13 所示。

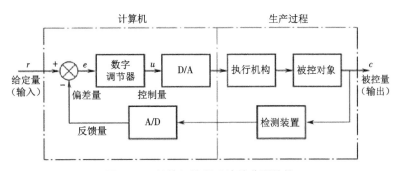

图 5-13　计算机控制系统的典型结构

计算机控制系统包括工作于离散状态下的计算机和具有连续工作状态的被控对象两大部分。被控制量 $c(t)$ 一般为连续变化的物理量,如位移、速度、压力、流量、温度等。

1. 硬件

计算机控制系统的硬件一般包括:微处理器(CPU),内存储器(ROM、RAM),以 A/D 转换和 D/A 转换为核心的模拟量输入 / 输出(I/O)通道,开关量(I/O)通道,I/O 接口及人机联系设备,运行操作台等。它们通过微处理器的系统总线(地址总线、数据总线和控制总线)构成一个完整的系统。下面对各部分做简要说明。

(1)主机

微处理器是计算机控制系统的核心,通常它和内存储器一起被称为主机。从设计的角度,主机是一个相对完整的可以直接构成控制系统的部件,它可以是单个的 CPU(如单片机),也可以是已扩展有基本输出外围电路的简单计算机系统(如单板机),甚至可以是功能较为齐全的计算机系统(如工控计算机、个人计算机)。主机根据过程输入通道发送来的工业对象的生产工况参数,按照人们预先编制的程序,自动地进行信息处理、分析和计算,并做出相应的控制决策或调节,以信息的形式通过输出通道,及时发出控制命令。主机中的程序和控制数据是人们事先根据控制规律(数学模型)编制好的。系统起动后,微处理器就从内存储器中逐条取出指令并执行。

(2)常规外部设备

按功能,常规外部设备可分成三类:输入设备、输出设备和外存储器。外部设备配备多少,要视具体情况而定。输入设备主要用来输入程序和数据。输出设备主要用来把各种信息和数据按人们容易接受的形式,如数字、曲线、字符等提供给操作人员,以便及时了解控制过程的情况。外存储器,兼有输入、输出功能,它们主要用来存储系统程序和有关数据。

(3)过程输入输出通道

过程输入输出通道,又称为过程通道。工业现场的过程参数一般是非电量的,应经传感器(称为一次仪表)变换为等效的电信号。为了实现计算机对生产过程的控制,必须在计算机和生产过程之间设置信息的传送和变换的连接通道,这就是过程输入输出通道。

(4)接口电路

外部设备和过程通道是不能直接由主机控制的,必须由接口来传送相应的信息和命令。

根据应用不同,计算机控制系统有各种不同的接口电路。从广义上讲,过程通道属于过程参数和主机之间的专用接口。这里讲的接口是指通用接口电路,一般有并行接口、串行接口、管理接口(包括中断管理、计数/定时等)、A/D 转换器和 D/A 转换器等。

(5)运行操作台

每台计算机都有一套键盘(控制台),它负责直接与 CPU 进行"对话"。过程控制的操作人员必须与计算机控制系统进行"对话"以了解生产过程状态,有时还需要修改控制系统的某些参数,以及在发生事故时进行人工干预等。因此,计算机控制系统一般要有一套专供运行操作人员使用的控制台,称为运行操作台。

2. 软件

计算机控制系统的软件主要分为系统软件和应用软件。

(1)系统软件

系统软件一般包括操作系统、软件开发服务程序、语言处理程序和诊断程序等。这些程序有一定的通用性,用于有效地支持用户对计算机硬件资源的使用,便于应用软件的灵活编程调试,实现计算机系统本身的监控管理。计算机开发系统也可以归类于系统软件,它为用户提供软件和硬件的开发调试环境。系统软件是构成整个软件系统的基础,但它们一般不需要用户设计,用户的任务主要是了解系统软件的功能,掌握使用方法,以便充分发挥系统软件的作用。

(2)应用软件

应用软件是为了满足各种应用目的而编制的程序,一般包括监测程序、控制计算程序和公共服务程序等。监测程序用于控制对象的状态检测、报警、数据处理、判断、操作面板服务等;控制计算程序负责各种控制算法的计算、逻辑事件处理以及文件管理、信息生成调度等任务;公共服务程序是为应用软件服务的通用子程序,如基本的函数子程序、运算程序、数据格式转换程序等。应用软件应根据实际任务要求由用户自行设计编制或提出要求后委托开发。

3. 计算机控制系统的特点

(1)A/D 与 D/A 转换

在计算机控制系统中,被控制量通常是模拟量,而计算机本身的输入、输出量都是数字量。因此,计算机控制系统大都具有数字-模拟混合式的结构,需要进行信号转换。

(2)量化

将模拟信号转变成离散的模拟信号称为采样,而将离散模拟信号转换为数字信号称为量化,即用一组二进制数码来逼近采样的模拟信号的峰值。显然,A/D 转换的过程就是一个量化的过程。由于计算机的字长是有限的,因此量化过程会带来量化误差。

(3)运算速度快、精度高、存储容量大

计算机控制系统不仅具有强大的运算功能和可编程性,而且运算速度快、精度高、存储容量大,因此不仅可以完成常规的比例-积分-微分(PID)控制算法,而且还可以完成模拟系统难以实现的许多复杂控制,如自适应控制、最优控制和智能控制等。

（4）便于在线修改

在计算机控制系统中,控制规律是用软件实现的。因此,要求计算机控制系统具有便于对控制方案进行在线修改的功能,使系统具有很大的灵活性和适应性。

5.2.2　计算机控制系统设计

1. 计算机控制系统的设计要求

（1）系统操作性能要好

操作性能好,对控制系统来说是很重要的,进行硬件设计和软件设计时都要考虑这个问题。在配置软件时,就应考虑配置什么样的软件才能降低对操作人员专业知识的要求。在硬件配置方面,应该考虑使系统的控制开关不能太多、太复杂,而且操作顺序要简单。

（2）通用性好、便于扩充

进行系统设计时应考虑使其能适应各种不同设备和各种不同控制对象,使系统不必大改动就能很快适应新的情况。这就要求系统的通用性要好,能灵活地进行扩充。在速度允许的情况下,尽可能把接口硬件部分的操作功能用软件来实现。

系统设计时对各设计指标应留有一定的余量,这也是扩充的一个条件。例如,CPU 的工作速度、电源功率、内存容量、输入输出通道等指标,均应留有一定余量。

（3）可靠性要高

可靠性高是控制系统设计时最重要的一个基本要求。特别是对 CPU 的可靠性要求更应严格。可靠性的具体衡量指标是平均故障间隔时间（Mean Time Between Failure, MTBF）,一般要求达到数千小时甚至上万小时以上。一般来讲,提高可靠性可以采用冗余技术。

（4）经济性要好

在满足任务要求的前提下,使系统的设计、制作、运行、维护成本尽可能低廉。

（5）可维护性要好

可维护性指进行系统维护时的方便程度,包括检测和维护两个部分。为提高可维护性,控制系统的软件应具有自检测、自诊断功能,硬件结构及安装位置则应方便检测、维修和更换。

2. 计算机控制系统的设计步骤

微型计算机控制系统一般可按下列步骤进行设计:确定系统整体方案;建立数学模型,确定控制算法;选择微处理器和外围接口;系统总体设计;硬件和软件设计;系统联调。下面分别加以叙述。

（1）确定系统整体方案

在开始设计之前,首先应该详细了解控制对象和控制要求,提出系统整体方案。其主要包括:系统构成是采用开环控制还是闭环控制;执行机构是采用电动机驱动还是液压驱动或其他驱动方式;微型计算机在整个控制系统中的作用是计算、直接控制还是数据处理。之后,根据上述整体方案画出系统组成框图,并以此作为进一步设计的依据。

（2）建立数学模型，确定控制算法

数学模型是系统动态特性的数学表达式，它反映了系统输入、内部状态和输出之间的关系，它为计算机进行计算处理提供了依据，由它可推出控制算法。控制算法正确与否直接影响控制系统的品质，因此正确地确定控制算法是系统设计中的重要工作之一。

随着控制理论和计算机控制技术的不断发展，控制算法越来越多。常用的控制算法有：机床控制中使用的逐点比较法和数字积分法等；直接数字控制系统中的 PID 调节法；位置数字随动系统中的实现最少拍控制法等；其他最优控制法、随机控制法和自适应控制法。在进行系统设计时，根据设计的控制对象、不同的控制性能指标要求和所选用的微型计算机的处理能力来选定一种控制算法。

（3）选择微处理器和外围接口

选择控制用的计算机及其外围接口时，一般要考虑以下几点。

1）字长。计算机的字长与系统的控制精度有关。字长越大，系统的控制精度越高，但相应的计算机价格也较高。在工业控制中，8~16 位的计算机就能满足一般的控制要求。

2）速度。运算速度直接影响控制系统的响应速度。若系统要求响应速度快，就应该选择运算速度快的计算机；若系统本身的响应速度较慢，就不必追求太高速的计算机。

3）内存储器容量。内存储器容量与控制算法的复杂程度有关，若控制算法复杂，计算量大，所需处理的数据多，则需要选用内存较大的计算机；反之亦然。

4）中断能力。计算机控制系统不仅需要解决主机与外部设备、控制对象的并行交换信息，而且还要解决多道程序、故障处理、多机连接等问题。因此，应该选择中断处理能力较强的计算机。

5）外围接口。外围接口主要考虑 A/D 和 D/A 转换器的精度问题。A/D 和 D/A 转换器的位数越高，转换的精度也就越高，但价格也高。一般根据计算机的外围电路、器件来源、软件的支持情况来综合考虑外围接口。

（4）系统总体设计

在确定控制算法和选定微处理器及外围接口后，就可以确定系统总体方案，一般应做如下工作。

1）估计内存储器容量，进行内存分配。内存储器的容量主要根据控制程序量和数据量以及堆栈大小来估计，并应考虑外存储器和内存储器容量能方便扩充。不同功能的程序最好分配在不同的内存区域，同时要注意便于扩展和有利于工作速度的提高。

2）确定过程通道和中断处理方式。输入输出通道是计算机与被控对象相互交换信息的部件。一个系统中一般含有数字量（或称为开关量）的输入输出通道和模拟量的输入输出通道。数字量的输入输出比较简单，主要需要解决电平转换、去抖动及抗干扰等问题，以及功率驱动问题。模拟量的输入输出比较复杂，模拟量输入通道主要由信号调整器、变送器、采样单元、采样保持器和放大器、A/D 转换器等组成；模拟量输出通道主要由 D/A 转换器、放大器等组成。确定过程输入输出通道是系统总体设计中的重要内容之一。通常应根据控制对象所要求的输入输出参数的个数来确定系统的过程输入输出通道。在选择通道数时,应着重考虑以下几点:数据采集和传输所需的输入输出通道数;是否所有的输入输出通道都使用同样的数据传输率;输入输出通道是串行操作还是并行操作;输入输出通道是随机选择,还是按某种预定的顺序工作;模拟量输入输出通道中字长选择多少位等。

中断方式和优先级应根据被控制对象的要求和微处理器为其服务的频繁程度来确定。一般用硬件处理中断响应速度较快,但要配备中断控制部件;用软件处理中断响应速度要慢一些,但比较灵活,容易调整。

3)确定系统总线。系统总线的选择对整体系统的通用性有很大的意义,应尽可能采用标准总线,同时应着重考虑总线的性能及负载能力。

（5）硬件和软件设计

硬件和软件的设计过程往往需要并行进行,以便随时协调二者的设计内容和工作进度。特别应注意计算机控制系统中软件与硬件所承担功能的实施方案划分有很大的灵活性,往往对于同一项任务,利用软件和硬件都可以完成,经常到了具体设计时利弊才会显现。因此,在这一设计阶段需要反复考虑、认真平衡软硬件比例,及时择优调整设计方案。

（6）系统联调

在软件和硬件分别调试通过后,就要对系统进行联调。系统联调分为在实验室模拟装置上调试和在工业生产现场进行试验两个过程。在试验中不断完善,最后调试出一个性能良好的控制系统。

5.2.3　机电－体化系统控制微机的选择

机电一体化技术是与元器件技术紧密结合发展起来的综合技术,特别是计算机技术的每一次最新进展,都在机电一体化产品上烙上了当时计算机技术水平的烙印。初期的计算机控制功能大多由单板机实现,后来随着个人计算机功能的增强和价格的下降,出现了由个人计算机扩展而成的计算机控制系统,为了改进普通个人计算机在工业环境中的适应性,出现了工业计算机,同时发展起了可靠性较高的 STD 总线系统。为了替代传统的继电逻辑器件,发展起来了可编程控制器(PLC)。随着半导体器件集成度的提高,集成有 CPU 和基本外围接口电路的单片机也发展起来了,成为当前在机电一体化系统中应用最广的计算机芯片。显然,在进行计算机控制系统的总体设计时,面对众多的机型,应根据被控对象和控制任务要求的特点进行合理的选择。下面介绍常用计算机控制系统的类型以及基本应用特点。

1. 单片机控制系统

单片机具有较高的集成度,如一片 Intel 8031 型单片机可实现 Z80 CPU、CTC、PIO 所包含的所有功能。而且,单片机运行速度高、功耗低、体积小、使用方便灵活,常用于数显、智能化仪表、简易数控机床和其他小型控制装置。由于可以在个人计算机和仿真开发系统上进行开发,单片机的编程与调试都比较方便。单片机较单板机具有更高的性能价格比。但由于受到经济条件的限制,这类控制系统的硬件质量和抗干扰措施难以达到较高的标准,环境适应性较差,在工业现场使用时需特别注意预先采取防护措施。单片机的发展经过了 4

位机、8 位机、16 位机的阶段,现在已经出现 32 位单片机,但 8 位单片机仍在计算机控制系统中占据重要地位,特别是随着嵌入式控制系统的兴起,世界各大半导体生产厂商重新把注意力转向 8 位单片机。亚微米 CMOS 加工技术使 8 位单片机在降低功耗的同时具有更高的运行速度,集成有先进的模拟接口和数字信号处理器,电源功能也更加灵巧。目前,很多可以兼容早期单片机软件,但性能提高了几倍的新型单片机已相继问世。

2. 普通个人计算机组成的控制系统

由个人计算机组成的控制系统基本上是利用个人计算机原有的系统资源,但由于个人计算机本来主要用于实现办公自动化,所以对其操作环境有一定的限制。当个人计算机用于在工业现场使用的计算机控制系统时,对强电磁干扰、电源干扰、振动冲击、工业油雾等必须采取防范措施。因此,宜使用个人计算机组成数据采集处理系统、多点模拟量控制系统或其他工作环境较好的计算机控制系统,或者把个人计算机用作分散控制系统中的上位机,在远离恶劣环境的条件下对下位机进行监控。

3. 工业计算机控制系统

为了克服普通个人计算机在环境适应性、抗干扰性方面的弱点,产业内发展起了结构经过加固、元器件经过严格筛选、接插件结合部经过强化、抗干扰性好、工作可靠性高,并且保留了个人计算机的总线及接口标准以及其他优点的一类微型计算机,称为工业计算机控制机。通常各种工业计算机控制机都有种类齐全的总线接口模板,包括数字量 I/O 板,A/D、D/A 板,模拟量输入多路转换板,定时器、计数器板,专用控制板,通信板和存储器板等,为设计制造计算机控制系统提供了极大的方便。

采用工业计算机控制机组成控制系统,一般不需要自行开发硬件,通常选择与选用的接口模板相配套的软件,接口程序可根据随接口模板提供的示范程序非常方便地完成编制。由于工业计算机控制机选用的微处理器及元器件的档次较高,结构经过强化处理,由其组成的计算机控制系统的性能远远高于单板机、单片机以及普通个人计算机所组成的控制系统,但这种系统的成本比较高,主要用于需进行大量数据处理、对可靠性要求高的大型工业测控系统。

4. STD 总线控制系统

STD 总线是工业控制领域的一种标准总线。采用这种总线的计算机主体为积木式结构,各种功能模板采用统一的标准尺寸,具有力学强度高、抗振能力强、互换性好等特点,此外使用灵活方便,系统的可靠性高,适合在恶劣的工业环境中工作。设计系统时的主要工作是对模板功能的选择与组合。符合 STD 总线标准的模板品种很多,除常用的数字量 I/O 模板、模拟量 I/O 模板外,还有为外围设备服务的各种模板,以便实现显示、键盘输入、打印和串行通信等系统功能,还有一些特殊模板用于实现高速计数输入、高速脉冲输出、温度测量、步进电机控制等应用功能。在开发 STD 总线控制系统的软件时,可利用 RS-232 串行口及开发软件在计算机上进行编程和调试。

5. 可编程控制器

可编程控制器(PLC)是在继电器逻辑控制系统基础上,利用微处理器技术发展起来的既有逻辑控制、计时、计数、分支程序、子程序等顺序控制功能,又能完成数字运算、数据处理、模拟量调节、操作显示、联网通信等功能的新型工业控制器。可编程控制器的体积小、抗干扰能力强、运行可靠,可以直接装入强电动力箱内使用,并且其功能齐全、运算能力强、编程简单直观。目前,可编程控制器在工业控制过程中正逐步取代传统的继电器逻辑控制系统、模拟控制系统和用小型机实现的直接数字控制系统。

可编程控制器使用 8 位或 16 位微处理器,不同的控制功能通过软件实现。可编程控制器的编程语言不同于一般的计算机高级语言或汇编语言,其逻辑运算部分通常采用梯形图的形式,具有很强的直观性,适合从事逻辑电路设计的工程技术人员学习使用。此外,较为复杂的控制功能也能以图形方式表达,如设计实现闭环控制的 PID 调节器,可采用方框图注上不同的符号,并留有输入和输出参数口。可编程控制器的程序为模块式结构,编程过程多以人机对话的方式进行,编程人员只需在支持软件提示下选用各种符号图形,即可完成控制程序的编制。可编程控制器一般都提供了相当完备的调试手段,如条件限定、结果设置、原因查找等,调试过程既可以脱机进行,也可以在线进行。

可编程控制器的输出主要有三种形式:继电器、晶体管和双向晶闸管。其中,以继电器输出最为常用,其触点电流可达 2 A 以上,能直接驱动电磁阀或接触器线圈;晶体管输出的响应速度快,无动作次数的限制,一般用于脉冲信号输出或数码管扫描显示;双向晶闸管主要用于频繁操作的交流负载。

可编程控制器的容量通常以输入和输出节点的总点数来表示。小型产品大致有 12、20、30、40、60、80 点等规格,若点数不够用时,可选用扩展单元进行 I/O 扩展,可扩展至 512 点或更多;中大型产品为模块式结构,用户可按照功能要求选择模块组成控制系统。

选择计算机控制系统中计算机的类型时,应注意的因素包括:计算机的字长和运算速度是否满足计算精度及实时性的要求;指令系统的功能是否丰富,特别是输入输出控制指令更应丰富;应具备较完善的中断系统、良好的人机对话能力以及计数与定时功能;应根据经济性进行全面平衡,求得较好的性能价格比。表 5-1 中列举了 3 种计算机控制系统的性能特点。

表 5-1 3 种计算机控制系统的性能比较

项目	普通计算机控制系统		工业计算机控制系统		可编程控制器	
	单片机系统	普通个人计算机系统	工业计算机系统	STD 总线系统	小型 PLC（256 点以内）	大型 PLC
控制系统的组成	自行研制(非标准化)	配置各类功能接口板	配置外围设备	选择标准 STD 模板	按使用要求选择产品	按使用要求选择产品
系统功能	简单的逻辑控制或模拟量控制	数据处理功能强,控制功能较强	具备完整的控制功能,软件丰富,执行速度快	组成从简单到复杂的测控系统	逻辑控制为主,也用于模拟量控制	大型复杂的多点控制
通信功能	按需要自行配置	有 1~2 个串行接口,不够用则需另行配置	已提供串行接口	选用通信模板	选用 RS-232C 通信模块	选取相应模板

项目	普通计算机控制系统		工业计算机控制系统		可编程控制器	
	单片机系统	普通个人计算机系统	工业计算机系统	STD 总线系统	小型 PLC(256 点以内)	大型 PLC
硬件制造工作量	多	稍多	少	少	很少	很少
程序语言	汇编语言	汇编和高级语言均可	高级语言为主	汇编和高级语言均可	梯形图编程为主	多种高级语言
软件开发工作量	很大	大	很大	较大	很小	较大

5.3 基于可编程控制器的控制系统

可编程控制器(PLC)是在继电接触器逻辑控制基础上发展而来的,由于其特殊的性能,正在逐步取代继电接触器逻辑控制,在电气传动控制领域得到广泛应用。虽然可编程控制器的种类很多,不同厂家的产品各有特点,但是作为工业标准控制设备,各种可编程控制器在结构组成、工作原理和编程方法等许多方面是基本相同的。

5.3.1 PLC 的基本功能

PLC 在工业中的广泛应用是由其功能决定的,其功能主要有以下几个方面。

1. 开关量的逻辑控制

逻辑控制功能实际上就是位处理功能,是 PLC 的最基本功能之一。因此, PLC 可以取代继电接触器逻辑控制系统,实现逻辑控制和顺序控制。PLC 根据外部现场(开关、按钮或其他传感器)的状态,按照指定的逻辑进行运算处理后,控制机械运动部件进行相应的操作。另外,在 PLC 中,一个逻辑位的状态可以无限制的使用,逻辑关系的修改和变更也十分方便。

2. 定时控制

PLC 中有许多供用户使用的定时器,并设置了计时指令,定时器的设定值可以在编程时设定,也可以在运行过程中根据需要进行修改,使用方便灵活。同时, PLC 还提供了高精度的时钟脉冲,用于准确的实时控制。

3. 计数控制

PLC 为用户提供了许多计数器,当计数器计数到某一数值时,会产生一个状态计数器信号,利用该状态信号可实现对某个操作的计数控制。对于控制程序,可以在编程时设定,也可以在运行过程中根据需要进行修改。

4. 步进控制

PLC 为用户提供了若干个移位寄存器,可以实现由时间、计数或其他指定逻辑信号为转步条件的步进控制,即在一道工序完成以后,在转步条件控制下,自动进行下一道工序。有些 PLC 还专门设置了用于步进控制的步进指令,编程和使用都很方便。

5. 数据处理

PLC 的数据处理功能,可以实现算术运算、逻辑运算、数据比较、数据传送、数据移位、数制转换、译码编码等操作。中、大型 PLC 的数据处理功能更加齐全,可完成开方、PID 运算、浮点运算等操作,还可以和显示器、打印机相连,实现程序、数据的显示和打印。

6. 回路控制

有些 PLC 具有 A/D、D/A 转换功能,可以方便地完成对模拟量的控制和调节。一般情况下,模拟量为 4~20 mA 的电流或 0~10 V 的电压;数字量为 8 位或 12 位的二进制数。

7. 通信联网

有些 PLC 采用通信技术,实现远程 I/O 控制、多台 PLC 之间的同位连接、PLC 与计算机之间的通信等。利用 PLC 的同位连接,可以使各台 PLC 的 I/O 状态相互透明。采用 PLC 与计算机之间的通信连接,可以用计算机作为上位机,其下连接数十台 PLC 作为现场控制机,构成"集中管理、分散控制"的分布式控制系统,以完成较大规模的复杂控制任务。

8. 监控

PLC 有较强的监控功能,配合使用编程器或监视器,可对有关部分的运行状态进行监视。

9. 停电记忆

可以对 PLC 内部的部分存储器所使用的 RAM 增加停电保持器件,以保证断电后这部分存储器中的信息能够继续保存。此外,利用某些记忆指令可以对工作状态进行记忆,以保持 PLC 断电后的数据内容不变,PLC 电源恢复后,可以在原工作基础上继续工作。

10. 故障诊断

PLC 可以对系统构成、某些硬件状态、指令的合法性等进行自诊断,发现异常情况时,能发出警告并显示错误类型,如发生严重错误则自动中止运行。PLC 的故障自诊断功能,大大提高了 PLC 控制系统的安全性和可维护性。

5.3.2 PLC 的特点

1. 编程、操作简易方便,程序修改灵活

对 PLC 进行编程可采用与继电接触器所用语言极为相似的梯形图语言,其直观易懂,只要熟悉继电接触器的用户都能极快地进行编程、操作和修改程序,深受现场电气技术人员的欢迎。近几年发展起来的其他的编程语言(如功能图语言等)使编程更加方便。

2. 体积小、功耗低

PLC 是将微电子技术应用于工业控制设备的新型产品,其结构紧凑、坚固、体积小、质量轻、功耗低。

3. 抗干扰能力强,稳定可靠

PLC 采用大规模集成电路,器件的数量少、故障率低、可靠性高,而且 PLC 本身配有自

诊断功能,可迅速判断故障,从而进一步提高可靠性。PLC 通过设置光电耦合电路、滤波电路和故障检测与诊断程序等一系列硬件和软件的抗干扰措施,有效地屏蔽了一些干扰信号对系统的影响,极大地提高了系统的可靠性。

4. 采用模块化结构,扩充、安装方便,组合灵活

PLC 已实现了产品系列化、标准化、通用化和模块化。用 PLC 组成的控制系统,在设计、安装、调试和维修等方面,表现出明显的优越性 。

5. 通用性好,使用方便

PLC 中的继电器是"软元件",其接线也是用程序实现的软接线,可以根据需要灵活组合。一旦控制系统的硬件配置确定以后,用户可以通过修改应用程序实现不同的控制功能。

6. 插件结构,维修方便

PLC 采用插件结构,当 PLC 的某一部分发生故障时,只要把该模块更换下来,就可继续工作。PLC 的平均修复时间为 10 min 左右。一般 PLC 的平均无故障运行时间为 3~5 年,使用寿命在 10 年以上。PLC 的输入输出模块可直接与 AC 220 V、110 V 和 DC 24 V、48 V 输入输出信号相连接,输出端可直接驱动电流在 2 A 以下的负载。

5.3.3　PLC 的基本构成

PLC 实质是一种专用于工业控制的计算机,与普通计算机类似,PLC 也是由硬件和软件两大部分组成的。PLC 硬件主要包括 CPU、输入输出电路、存储器、编程器四部分,如图 5-14 所示;其软件分为系统软件和应用软件两部分。在软件的控制下,PLC 才能正常地工作。系统软件一般用来管理、协调 PLC 各部分的工作,翻译、解释用户程序,进行故障诊断等,是厂商为充分发挥 PLC 的功能和方便用户而设计的,通常都固化在 ROM 中,与主机和其他部件一起提供给用户。应用软件是为解决某个具体问题而编制的用户程序,它是针对具体任务编写的,是专用程序,用一台 PLC 配上不同的应用软件,就可完成不同的控制任务。

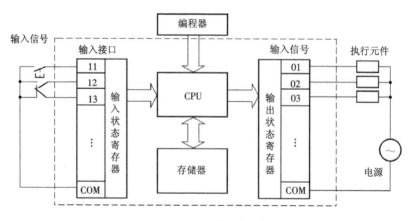

图 5-14　PLC 的硬件结构

1.PLC 的工作过程

可编程控制器的工作过程如图 5-15 所示,可分为三个阶段,即输入处理、程序执行和输出处理。

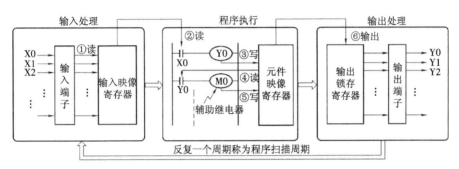

图 5-15　可编程控制器的工作过程

1)输入处理。PLC 以重复扫描方式执行用户程序,在执行程序前,首先按地址编码顺序将所有输入端子的通断状态(输入信号)读入输入映像寄存器中,然后开始执行程序。在执行过程中,即使输入状态发生变化,但输入映像寄存器中的内容不变,直到下一个扫描周期的输入处理阶段才重新读取输入状态。

2)程序执行。在程序执行阶段,PLC 顺序扫描用户程序。每执行一条程序所需要的信息都是从映像寄存器和其他元件映像寄存器中读出并参与运算,然后将执行结果写入有关的元件映像寄存器中。因此,各元件映像寄存器中的内容随着程序的执行而不断地发生变化。

3)输出处理。当全部指令执行完毕后,将输入映像寄存器中的状态全部传送到输出锁存寄存器存储起来,构成 PLC 的实际输出,并由输出端子送给外部执行机构。

2.PLC 的硬件系统

（1）CPU 板

CPU 板是可编程控制器的核心部件,它包括微处理器(CPU)、存储器(ROM 和 RAM)、并行接口(PIO)、串行接口(SIO)、时钟及控制电路等。

并行接口和串行接口主要用于 CPU 与各接口电路之间的信息交换。时钟及控制电路用于产生时钟脉冲及各种控制信号。

串行和并行控制的基本区别:串行控制是通过扫描方式采集外围的信号并进行编码,然后统一地发送给各控制器件;并行控制是将各个不同的信号统一发送到控制器。目前,在实际应用中,并行和串行控制方式均有采用。CPU 板是可编程控制器的运算、控制中心,用来实现各种逻辑运算、算术运算以及对全机进行管理控制,主要有以下功能。

1)接收并存储由编程器输入的用户程序和数据。

2)以扫描方式接收输入设备送来的控制信号或数据,并存入输入映像寄存器(输入状态寄存器)中或数据寄存器中 。

3)执行用户程序,按指令规定的操作产生相应的控制信号,完成用户程序要求的逻辑运算或算术运算,并将运算结果存入输出映像寄存器或数据寄存器。

4)根据输出映像寄存器或数据寄存器中的内容,实现输出控制或数据通信等。

5)诊断电源电路及可编程控制器的工作状况 。

不同种类的可编程控制器所采用的 CPU 芯片也不尽相同。

(2)输入输出电路

可编程控制器的另一大优点是抗干扰能力强。在可编程控制器的输入端,所有的输入信号都是经过光电耦合并经过 RC 电路滤波后才送入内部放大器。采用光电耦合和 RC 电路滤波能有效消除环境中的干扰,而且光相的输入输出端绝缘电阻高,能保护可编程控制器不会因外界的高电压而受到损害。光电耦合的开关量输入接口电路如图 5-16 所示 。当开关闭合时,光电耦合器(光耦)触发并导通,驱动反相器,经过反相器后变为低电平,发光二极管点亮,发光二极管为相应的输入接点状态。

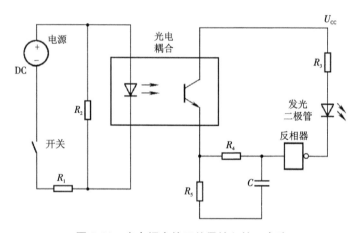

图 5-16　光电耦合的开关量输入接口电路

输出电路的作用是将可编程控制器的输出控制信号输出给外部的输出设备,通过输出设备控制被控制对象工作。

输出电路共有 3 种输出形式:①继电器输出,通过继电器线圈和触点的通 / 断来控制输出设备并实现电气隔离;②晶体管输出,通过光电耦合控制输出开关晶体管的通 / 断来控制输出设备;③可控硅输出,通过控制光触发型可控硅的通 / 断来实现对外部设备的控制。

(3)存储器扩展接口

存储器扩展接口是用于连接用户程序存储器及数据存储器的扩展卡盒。

1)常用的扩展卡盒。常用的扩展卡盒有三种: ① CMOS 型 RAM 卡盒,它需要用锂电池作为后备电源,以防止断电时丢失数据;② EPROM 卡盒 ,它需要专门写入器将调试好的用户程序或数据写入 EPROM,擦除时需要用紫外线擦除器;③ EEPROM 卡盒,向它写入或擦除数据对只需用编程器即可。

2)只读存储器(ROM)。ROM 是用来存放固定程序的,一旦程序放入之后,即不可改变,也就是说不能再写入新的内容,而只能从中读出其所存储的内容。ROM 存放的内容不会因电源消失而消失。ROM 中存放的程序只能由存储器制造厂写入,用户无法根据自己的需要写入程序。为了便于用户根据自己的需要修改 ROM 的存储内容,就发展出了一种可擦除已写入程序的电可擦写只读存储器（Electrically Programmable Read-Only Memory, EPROM）。这种存储器片子的上方有一个石英玻璃的窗口,当用紫外线通过这个窗口照射电路时,就可以把原来的信息擦除掉。

3)随机存储器(RAM)。RAM 也叫读写存储器,它由许多基本的存储电路组成,一个基本的存储电路存储 1 位二进制信息("0"或"1")。通常把 8 位二进制数称为一个字节,16 位二进制数称为一个字。8 位微型计算机的容量多数为 64 KB。存储器有很多存储单元,像一个大宾馆有很多房间,每个房间要有一个房间号一样,每个存储单元也要有一个编号,称为地址。计算机是以地址来选择不同的存储单元的,因此在电路中就要有地址寄存器和地址译码器来选择所需的单元。

3.PLC 的软件系统

硬件系统和软件系统相互结合才能构成一个完整的可编程控制器控制系统,完成各种复杂的控制功能。PLC 的软件系统由系统程序(系统软件)和用户程序(应用软件)组成。下面介绍可编程控制器的软件系统。

（1）系统程序

系统程序包括管理程序、用户指令解释程序以及供系统调用的专用标准程序模块等。管理程序用于运行管理、存储空间分配管理和系统的自检,控制整个系统的运行;用户指令解释程序用于把输入的应用程序(梯形图)翻译成机器能够识别的机器语言;专用标准程序模块是由许多独立的程序块组成,其各自能完成不同的功能。系统程序由 PLC 生产厂家提供,并固化在 ROM 中,用户不能直接读写。

（2）用户程序

用户程序是用户根据控制要求,用 PLC 编程语言编制的应用程序。PLC 常用的三种图形化编程语言是梯形图(LD)、功能块图(FBD)和顺序功能图(SFC)。此外,还有两种文本化编程语言:指令表(IL)和结构化文本(ST)。用户通过编程器或计算机将用户程序写入 PLC 的 RAM 中,并可以对其进行修改和更新,当 PLC 断电时,写入的程序继续在由锂电池提供电源的 RAM 中保存。

5.3.4 PLC 应用系统设计的基本原则

通常在下列场合可以考虑使用 PLC。

1)系统的开关量 I/O 点数很多,控制要求复杂。

2)系统对可靠性的要求高。

3)需要经常修改控制参数或修改系统的控制关系的工业控制系统。

4)可以用一台 PLC 控制多台设备的系统。

在实际生产过程中,任何一种电气控制系统都是为了实现被控对象(生产设备或生产过程)的工艺要求,以提高生产效率和产品质量。在实际 PLC 控制系统设计过程中,也应把提高生产效率和产品质量放在首位。在实际设计过程中，应遵循以下基本原则。

1）完整性原则。充分发挥 PLC 的功能，最大限度地满足工业生产过程或生产设备的控制要求，是设计控制系统的前提。这就要求设计人员注重调查研究、收集资料，并和现场工程管理人员、技术人员、操作人员紧密配合，共同解决问题。

2）可靠性原则。确保 PLC 控制系统的可靠性，保证系统能够长期、安全、可靠、稳定运行，是设计控制系统的重要原则。这就要求设计人员在系统设计、器件选择、软件编程等方面全面考虑。

3）经济性原则。在满足控制要求的前提下，力求使系统结构简单、性价比高、使用及维修方便。不要盲目追求自动化和高指标。一方面，要不断注意扩大工程的效益；另一方面，要不断注意降低工程的成本。

4）发展性原则。随着控制技术的不断发展，工程应用对控制系统的要求也会不断提高，要求其能不断完善。因此，控制系统的设计要考虑到今后的发展和完善，在选择 PLC 的容量、机型、输入和输出模块时，要留有适当的余量。

上述四条最基本的设计原则也适用于其他类型的计算机控制系统的设计工作。

5.3.5　PLC 控制系统设计和调试的主要步骤

在现代化的工业生产设备中，有大量的数字量及模拟量控制任务（如控制电动机的起停等），PLC 是解决自动控制问题的最有效的工具之一。下面介绍 PLC 系统设计的主要内容和基本步骤。

PLC 控制系统的设计可以参照如图 5-17 所示的步骤开展。

（1）评估控制任务

系统的设计应首先根据该系统所需完成的控制任务，分析被控对象的工艺要求，然后可以得出被控对象对 PLC 控制系统的控制要求，最后根据控制要求确定 PLC 控制系统的控制方案。

1）被控对象，即受控的机械、电气设备、生产线或生产过程。

2）控制要求，包括控制的基本方式、应完成的动作、自动工作循环的组成、必要的保护和联锁等，特别应从以下几个方面详细考虑：①通过系统的输入 / 输出设备总数来考虑控制规模；②考虑工艺复杂程度；③考虑可靠性要求；④考虑数据处理速度。

当数据的统计、计算的规模较大，需要很大的存储器容量，且要求运算速度快时，应考虑采用带有上位计算机的 PLC 分级控制。对于复杂的控制系统，也可以将控制任务分成几个独立的部分，这样有利于编程和调试。

深入了解被控系统是设计控制系统的基础。在这一阶段必须对被控对象的所有功能做全面细致的了解，应明确哪些信号需送给 PLC，以及 PLC 的输出需要驱动的负载性质，如模拟量或数字量、交流或直流、电压等级、电流等级等。

（2）确定 I/O 设备，选择和设计控制台和控制柜

确定系统所需的全部输入设备，如控制按钮、位置开关、转换开关及各种传感器等；确定

系统所需的全部输出设备,如继电器、接触器、电磁阀、信号灯及其他执行器等;最终确定与 PLC 有关的 I/O 设备和 I/O 点数。

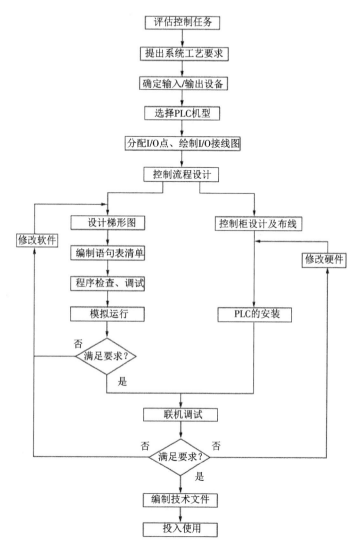

图 5-17　PLC 控制系统的设计步骤

(3)PLC 机型的选择

根据被控对象对 PLC 控制系统技术指标的要求和已确定的用户 I/O 设备,确定 I/O 点数及类型,从而选择合适的 PLC 类型。机型选择包括对 PLC 机型的选择、容量的选择、I/O 模块的选择、电源模块的选择等。对于整体式 PLC,应选定基本单元和各扩展单元的型号;对于模块式 PLC,应确定底板的型号,选择所需模块的型号及数量、编程设备及外围设备的型号。

(4)PLC 的 I/O 点数分配

在分配 I/O 点数时,应先列出 I/O 点数分配表,表中包含 I/O 编号、设备代号、名称及功能。

对于较大型的 PLC 控制系统,可根据工艺流程,对所需的计数器、定时器及内部辅助继电器的地址进行相应的分配,以便于程序的设计。

（5）外围硬件线路设计

在设计 PLC 的外围硬件线路时,应先绘制出系统其他部分的电气线路图,包括主电路和未进入 PLC 的控制电路,另外还需要画出 PLC 的 I/O 接线图。

至此, PLC 控制系统的硬件电气设计已经完成,系统的电气原理图由 PLC 的 I/O 接线图和 PLC 外围电气线路图组成。

（6）编写应用程序

根据工作功能图表或状态流程图,设计出梯形图程序。对于简单的控制系统,尤其是简单的开关量控制,可采用经验设计法绘制梯形图;对于较复杂的控制系统,需要根据总体要求和系统的具体情况确定应用程序的基本结构,绘制系统的控制流程图或功能图表,用于清楚表明动作的顺序和条件,然后设计出相应的梯形图程序。这一步是整个 PLC 控制系统设计的核心工作,也是较困难的一步。首先要熟悉控制要求,同时还要有一定的电气设计实践经验;其次要尽可能详细、准确地绘制系统控制流程图或功能图表,以方便编程;最后按照控制流程图或功能图表编写应用程序。

（7）程序的输入和调试

可以通过简易编程器或连接计算机的通信端口,将程序输入 PLC 中。在程序设计过程中,难免会有疏漏的地方,因此必须进行调试。PLC 应用程序的调试分为两个阶段,即模拟调试和现场调试。

1）模拟调试阶段。首先,检查应用程序的语法和拼写是否有错误;然后,将程序下载到 PLC。在模拟调试时,实际的输入元件和输出负载都不连接在 PLC 上,用输入开关来模拟输入,用输出端的发光二极管来判断输出。模拟调试应考虑各种可能的情况,要对控制系统的流程图或功能图表的所有分支以及各种可能的流程进行测试,及时发现问题并修正控制程序,直至应用程序完全符合预定的控制要求。

2）现场调试阶段。在 PLC 控制系统的设计和施工完成后,就可以进行系统的现场调试工作。调试时,对于步序较多的控制程序,可采用先分段调试再连接起来进行总调的调试方法;对于由几个部分组成的控制系统,可采用先局部调试再整体调试的调试方法。对于调试中发现的问题,要在硬件和软件方面逐一进行排查,直至调试成功。

（8）编制技术文件

当现场调试通过,并经过一段时间的试运行,确认系统可正常工作后,就可根据整个设计过程整理出系统技术文件提供给用户,以利于系统的维护和改进。系统技术文件包括说明书、电气原理图、电气控制装置图、电气元件明细表、PLC 梯形图。

5.3.6　PLC 控制系统的硬件选择

硬件选择是 PLC 控制系统设计中的重要环节。PLC 控制系统的硬件选择主要包括

PLC 型号的选择、I/O 模块的选择和输入 / 输出点的配置等。

1. PLC 型号的选择

随着 PLC 的普及和推广，PLC 产品的种类越来越多。因此,在应用中应该全面权衡利弊,合理选择机型。一般 PLC 机型的选择以满足系统功能需要为前提,机型的选择可以从以下几个方面来考虑。

（1）I/O 点数的选择

I/O 点数的选择除了要满足当前控制系统的要求外,还要考虑以后生产工艺的改变及对可靠性的要求,为系统的改造等留有余地,需按实际所需总点数的 15%~20% 留出备用量,然后确定所需的 I/O 点数。

应用程序存储器容量的估算一般按照下列公式计算:只有开关量输入时,I/O 点所需存储器容量 =I/O 点数 ×8;只有模拟量输入时,模拟量所需存储器容量 = 模拟量路数 ×120。

PLC 的输出点分为共点式、分组式和隔离式几种接法。隔离式 PLC 平均每点的价格较高,各个输出点之间可以采用不同的电压种类和电压等级。如果输出信号之间不需要隔离,则应选择共点式和分组式的 PLC。

另外,在选型时有以下几点需要注意:①一些高密度输出点的模块对同时接通的输入点数有限制,同时接通的输入点数不得超过总输入点数的 60%;② PLC 每个输出点的驱动能力是有限的,一些 PLC 的每点输出电流的大小随所加负载电压的不同而不同;③一般 PLC 的允许输出电流随环境温度的升高而有所降低。

（2）存储器容量的选择

即使对于相同的系统,运行由不同程序设计人员所设计的程序时,系统的长度和执行时间也会有很大差异。因此,在选择存储器容量时,应该按估算存储器容量的 50%~100% 留出余量。

存储器容量与系统规模、控制要求、实现方法及编程水平等许多因素有关, I/O 点数在很大程度上可以反映 PLC 系统对存储器容量的需求,可以通过 I/O 点数来粗略估算所需的存储器容量。

1）开关量输入所需容量:总字节数 = 总点数 ×10。

2）开关量输出所需容量:总字节数 = 总点数 ×8。

3）模拟量 I/O 所需容量:总字节数 = 通道数 ×100。

4）定时器 / 计数器所需容量:总字节数 = 定时器 / 计数器个数 ×3。

5）通信接口所需容量:总字节数 = 接口数量 ×300。

（3）I/O 响应时间的选择

PLC 的 I/O 响应时间包括输入电路延迟、输出电路延迟和扫描工作方式引起的时间延迟（ 2~3 个扫描周期 ）等。对于开关量控制系统,无须考虑 PLC 的响应时间,常见 PLC 的 I/O 响应时间一般都能满足要求。对于模拟量控制系统,尤其是闭环控制系统,就需要考虑 PLC 的响应时间。

(4)根据输出负载的特点选型

不同的负载对 PLC 的输出方式有不同的要求。对于频繁通断的感性负载,应选择晶体管或晶闸管输出型的 PLC;对于动作不频繁的交、直流负载,可以选择继电器输出型的 PLC。

(5)控制功能的选择

控制功能的选择包括运算功能、控制功能、通信功能、编程功能、诊断功能和处理速度等的选择。

Ⅰ.运算功能

PLC 的运算功能包括逻辑运算、计时功能、计数功能、数据移位、比较功能、代数运算、数据传送、模拟量 PID 运算和其他高级功能。设计选型时,应从实际应用的要求出发,合理选用所需的运算功能。对于大多数场合,只需要逻辑运算和计时、计数功能,可以选择简单的 PLC;对于一些需要使用数据传送功能和数据比较功能的情况,应当选择普通的 PLC;在需要使用代数运算、数值转换和 PID 运算功能进行模拟量的检测和控制时,需要选择大型的 PLC。有时候还需要用到译码和编码等运算。

Ⅱ.控制功能

控制功能包括 PID 控制运算、前馈补偿控制运算、比值控制运算等,实际应用时可根据控制要求确定控制功能。PLC 主要用于顺序逻辑控制,对于模拟量的控制可采用单回路或多回路控制器来进行控制。有时为了提高 PLC 的处理速度和节省存储器容量,也可采用专门的智能 I/O 单元完成所需的控制功能。

Ⅲ.通信功能

在需要通信的场合中,应选用具有通信联网功能的 PLC。PLC 系统的通信接口应包括串行和并行通信接口、工业以太网接口、常用分布式控制系统(Distributed Control System,DCS)接口等。一般 PLC 都带有 RS-232、RS-485 通信接口。中、大型 PLC 具有更强的通信功能,既可以与另一台 PLC 或上位计算机相连,组成自动控制网络;也可以与显示器或打印机连接,实现在线编程、监控、打印等功能。中、大型 PLC 系统支持多种现场总线和标准通信协议,需要时能与工厂管理网相连接。

PLC 系统的通信网络主要有以下几种形式:①一台 PLC 为主站,多台同型号 PLC 为从站,组成简易 PLC 网络;②一台 PLC 为主站,其他同型号 PLC 为从站,构成主从式 PLC 网络;③PLC 网络通过特定网络接口连接到大型 DCS 中,作为 DCS 的子网;④专用 PLC 网络。

系统的控制功能需要由多个 PLC 完成的时候,组网能力和通信网络功能也是 PLC 的 CPU 选型时所需要考虑的。为减轻 CPU 的通信任务压力,根据网络组成的实际需要,应选择具有不同通信功能的通信处理器。

Ⅳ.编程功能

PLC 的编程方式有在线编程和离线编程两种,设计时应根据应用要求合理选用。

1)在线编程方式:系统调试和操作方便,但成本较高,常在中、大型 PLC 中采用。

2）离线编程方式：使用和调试不够方便，但可降低系统成本，常在小型 PLC 中采用。在编程模式下，CPU 不对现场设备进行控制；在运行模式下，不能进行编程。

Ⅴ．诊断功能

PLC 的诊断功能直接影响平均维修时间和对操作、维护人员技术能力的要求。PLC 的诊断功能包括硬件诊断和软件诊断。通过硬件的逻辑判断，确定硬件的故障位置称为硬件诊断。软件诊断分为内诊断和外诊断，内诊断是对 PLC 内部的性能和功能进行诊断，外诊断是通过软件对 PLC 的 CPU 与外部 I/O 等部件的信息交换功能进行诊断。

Ⅵ．处理速度

处理速度与用户程序的长度、CPU 处理速度和软件质量等有关。PLC 采用扫描方式工作，处理速度应越快越好。扫描周期应满足：小型 PLC 执行 1 000 条二进制指令的扫描时间不大于 0.5 ms，大型 PLC 执行 1 000 条二进制指令的扫描时间不大于 0.2 ms。

（6）机型的选择

Ⅰ．PLC 的类型

PLC 一般根据控制功能或 I/O 点数进行选型。按照结构可将 PLC 分为整体式和模块式两类；按应用环境可将 PLC 分为现场安装和控制安装两类；按 CPU 字长可将 PLC 分为 1 位、4 位、8 位、16 位、32 位、64 位等类型。

整体式 PLC 的 I/O 点数固定，常用于小型 PLC 控制系统；模块式 PLC 提供多种 I/O 卡件或插卡，用户可以较合理地选择和配置系统 I/O 点数，功能扩展方便灵活，一般用于中、大型 PLC 控制系统。

Ⅱ．I/O 模块的选择

选择 I/O 模块时应考虑与控制要求统一。根据控制要求，合理选用 I/O 模块，以提高控制水平和降低控制成本。

选用输入模块时，需要考虑的项目主要有信号电平、信号传输距离、信号隔离、信号供电方式等；选用输出模块时，需要考虑输出模块的类型。各种类型的模块具有不同的特点，适用于不同的场合。继电器输出模块的特点是价格低、使用电压范围广、寿命短、响应时间较长等；晶闸管输出模块的特点是价格较贵，适用于开关频繁、功率因数低的电感性负载的场合。

Ⅲ．供电电源的选择

选择 PLC 的供电电源时，应根据产品说明书的要求进行设计和选用。对于一些重要的应用场合，应选用不间断电源或稳压电源来确保系统的正常运行；对于 PLC 自身带有的电源，应核对其是否能满足控制要求，若不能则需要外接供电电源；在有外部高压电源存在的环境下，应对输入和输出信号进行隔离，防止将高压电引入 PLC。

Ⅳ．存储器的选择

为保证控制项目的正常运行，PLC 的存储器容量一般按 256 个 I/O 点至少选择 8 KB 存储器的原则。控制功能复杂时，应选择容量更大、档次更高的存储器。

（7）系统可靠性的考虑

一般来讲，PLC 控制系统的可靠性是很高的,能够满足生产和工艺要求。对于对可靠性有更高要求的系统,可以考虑采用冗余控制系统或热备份系统。

（8）系统经济性的考虑

I/O 点数对 PLC 控制系统的价格有直接影响。每增加一块 I/O 卡件就需要增加一定的费用,当点数增加到一定的数值后,相应的存储器容量、机架、母板等也要增加,因此 I/O 点数的增加对 CPU、存储器容量、控制功能范围等的选择都有影响。

选择 PLC 时,在选用和估算时要充分考虑各种因素,要进行比较和兼顾,最终选出合适的产品,使整个控制系统具有较合理的性能价格比。

2. I/O 模块的选择

I/O 模块是 PLC 的 CPU 与现场用户设备进行联系的桥梁。PLC 的 I/O 模块有开关量 I/O 模块、模拟量 I/O 模块以及各种特殊功能模块等。PLC 通过 I/O 模块检测被控对象的各种参数,并以这些现场数据作为控制器的控制依据对被控对象进行控制。与此同时,控制器通过 I/O 模块将控制器的处理结果发送给被控对象,驱动各种执行机构实现控制功能。

I/O 模块的价格占 PLC 系统价格的一半以上,不同的 I/O 模块,其结构与性能也不一样,直接影响 PLC 系统的应用范围和价格。

（1）开关量输入模块的选择

开关量输入模块的功能是接收现场输入设备的开关信号,将信号转换成 PLC 内部接收的低电压信号,并实现 PLC 内、外信号的电气隔离。

根据 PLC 的 I/O 点数和性质,可以确定 I/O 模块的型号和数量,每个 I/O 模块按点数可分为 4、8、16、32、64 点式;按结构可分为共点式、分组式、隔离式。

开关量输入模块输入信号的电压等级:直流为 5 V、12 V、24 V、48 V、60 V 等;交流为 110 V 或 220 V。选择开关量输入模块时,应确保输入模块的工作电压与现场输入设备的电压一致。若输入信号为无源输入信号,应根据现场和 PLC 的距离选择合适的电压等级。一般直流 5 V、12 V、24 V 属于低电压,用于传输距离较近的场合;当传输距离较远或环境干扰较强时,应选用高电压模块。

开关量输入模块有直流输入、交流输入、交流／直流输入三种类型,主要根据现场输入信号以及周围环境等因素进行选择。直流输入模块延迟时间短,可以直接与接近开关、光电开关等输入设备相连接;在有粉尘和油雾等的恶劣环境中,应选用可靠性高的交流输入模块。

还要注意同时接通的输入点数量,对于高密度模块(如 32 点、64 点模块),虽然平均每点的价格较低,但受工作电压、工作电流和环境温度的限制,应考虑该模块同时接通的点数不要超过总输入点数的 60%。

为了提高系统的可靠性,还需要考虑输入门槛电平的大小。门槛电平越高,抗干扰能力越强,传输距离也越远。

隔离式模块平均每点的价格较高,若输入信号之间不需要隔离,可采用共点式或分组式,如图 5-18 所示。

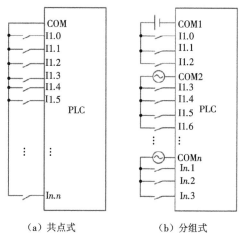

（a）共点式　　（b）分组式

图 5-18　开关量输入模块的接线方式

共点式开关量输入模块的所有输入点共用一个公共端（ COM ）；分组式开关量输入模块是将输入点分成若干组,每一组有一个公共端,各组之间是分离的。

（2）开关量输出模块的选择

开关量输出模块是将 PLC 内部低电压信号转换成驱动外部输出设备的开关信号,并实现 PLC 内、外信号的电气隔离。

开关量输出模块按点数可分为 16、32、64 点式,按电路结构可分为共点式、分组式、隔离式,如图 5-19 所示。开关量输出模块的选择与输入模块的选择要求类似。

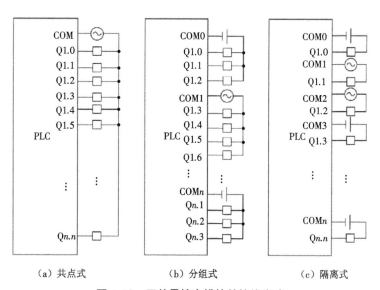

（a）共点式　　　　　（b）分组式　　　　　（c）隔离式

图 5-19　开关量输出模块的接线方式

开关量输出模块可分为继电器输出、晶闸管输出和晶体管输出三种。继电器输出模块适用的电压范围广,导通压降小,承受瞬时过载能力强,具有隔离作用。此外,继电器输出模块的价格低,且既能用于驱动交流负载,也能用于驱动直流负载,但因其为触点式输出元件,动作速度慢,寿命较短,可靠性差,驱动感性负载时最大通断频率不应超过 1 Hz,故适用于驱动不频繁通断的交直流负载。晶体管和晶闸管输出模块分别适用于直流和交流负载,其可靠性高,响应速度快,寿命长,适用于驱动频繁通断的负载,缺点是过载能力较差。

在选用共点式或分组式模块时,不仅要考虑每点所允许的输出电流,还要考虑各组或公共端所允许的最大电流,避免同时动作时电流超出范围而损坏输出模块。

此外,还要考虑驱动能力,开关量输出模块的输出电流必须大于 PLC 外接输出设备的额定电流。如果实际输出设备的电流较大,可增加中间放大环节。

选择开关量输出模块时,应考虑其能同时接通的输出点数。一般来讲,同时接通的点数不能超出同一公共端输出点数的 60%。

另外,输出的最大电流与负载类型、环境温度等因素有关,晶闸管输出模块的最大输出电流随温度的升高而降低。

(3)模拟量 I/O 模块的选择

模拟量 I/O 模块主要实现数据的转换功能,它可与 PLC 内部总线相连,同时也具有电气隔离功能。模拟量输入模块的主要作用是将现场传感器检测到的模拟信号转换成数字信号;模拟量输出模块的主要作用是将 PLC 内部的数字信号转换为模拟信号输出。

对于温度、压力等连续变化的非电量,采用传感器转化成电流或电压信号,然后导入输入模块。输入模块有 2、4、8 通道等类型,也可分为电流型和电压型,其中电流型的抗干扰能力较强。

输入模块的信号有不同的范围,典型模拟量 I/O 模块的信号范围为 $-10\sim+10$ V、$0\sim+10$ V、$4\sim20$ mA 等,可根据需要选用。一般输入模块都具有 12 bits 以上的分辨率,能够满足普通生产的精度要求。

另外,选择输入模块时,还要考虑系统的实时性,输入模块大多采用积分式转换,速度较慢,在对实时性要求高的情况下,应采用专用的高速模块。一些 PLC 生产商还提供特殊的模拟量输入模块,可用来接收低电平信号(如热电偶、热电阻等的信号)。模拟量输出模块的选择方法与输入模块的选择方法大致相同。

(4)特殊功能模块的选择

随着 PLC 的发展,有越来越多的场合用到智能 I/O 模块,以提高系统处理速度,方便应用。智能 I/O 模块通过系统总线与 CPU 模块相连,并在 CPU 模块的协调管理下独立工作,其自身也是一个完整的微处理器系统,能增强 PLC 的能力。智能 I/O 模块都比较昂贵,应根据实际情况进行选用。

智能 I/O 模块的种类有通信处理模块、高速计数模块、PID 闭环控制模块、中断控制模块、数字位置译码模块等。下面详细介绍三种较常用的智能 I/O 模块的选用原则。

Ⅰ.通信处理模块

通信处理模块的功能是实现 PLC 之间、PLC 和其他计算机之间的数据交换,完成整个控制系统的通信功能。选用通信处理模块时,主要考虑以下几个方面。

1）通信协议。它包括两个方面的内容：一是通信接口，大多通信处理模块都能提供 RS-232C 或 RS-485 串行接口，少数能提供并行接口；二是通信方式，通信处理模块一般都可以实现主从通信和点对点通信。

2）通信处理模块所连接的设备。通信处理模块负责实现设备之间的连接，因此在选用时必须清楚可连接的设备。

3）通信速率。通信速率即数据传输的响应速度。

4）应用程序编制方法。不同 PLC 系统的应用程序的编制方法不同，有的 PLC 系统只需要编制很简单的应用程序即可实现要求的通信功能，有的 PLC 系统则需要编制很复杂的应用程序才能实现要求的通信功能。

5）系统的自诊断功能。PLC 系统的自诊断功能直接影响通信系统的可靠性，因此在选用通信处理模块时需要考虑系统的自诊断功能。

Ⅱ. 高速计数模块

高速计数模块可用于脉冲和方波、实时时钟等信号的处理过程中，可满足对快速变化监测和准确定位的需要。在选择高速计数模块时，应注意以下几个方面。

1）高速计数模块所能接收的计数脉冲。大多数高速计数模块可接收码盘译码输出信号、机械开关信号、晶体管开关信号、光开关信号等，所能接收的电平信号有晶体管间逻辑（Transistor-Transistor Logic，TTL）电平、DC 10~30 V 电压信号和其他形式的电平信号。

2）计数模块个数。对于具有多路计数功能的高速计数模块，可分开独立使用，也可串联起来增加计数范围。

3）计数频率和计数范围。计数频率一般给出最高值，计数范围给出每一个通道的最大值。

4）计数方式。高速计数模块有向上计数、向下计数、内部信号计数、外部信号计数、上升沿计数、下降沿计数、电平计数等计数方式。根据计数方式选择模块时，要注意各种型号之间的差别。高速计数模块是一个智能模块，可以独立于 CPU 连续工作，在使用高速计数模块时，应尽量将其放在整个系统的前部。

（5）I/O 设备与 PLC 连接时应注意的问题

在 PLC 控制系统中，PLC 是主要控制设备，它通过连接电路与控制对象中的各种输入信号和输出设备相连接。因此，设计一个完整的控制系统时，除所需的 PLC 以外，其他电路均需要进行设计。

在连接输入信号时，如按钮开关、拨动开关、选择开关、限位开关、行程开关和其他一些检测元件输出的开关量或模拟量，应注意模拟量输入信号的数值范围要与 PLC 的模拟量输入的范围相匹配，否则应加变送器或其他电路来解决。

PLC 的各输出点与现场各执行元件相连。进行输出电路设计时，应注意以下几点：

1）应在 PLC 外部输出电路的电源供电线上装设电源接触器，可用按钮控制其通断；

2）线路中应加入熔断器作短路保护；

3）输出端接感性元件时应加装保护装置；

4)对于危险性大的电路,在 PLC 外部硬件电路和软件上都应采取相应的措施。

3.I/O 点的配置

(1)分配 I/O 点

在分配 PLC 的 I/O 点之前,首先应将系统中的各输入点和输出点进行分类,同时还要考虑各 I/O 点之间的联系,然后根据分类统计的参数和功能要求,具体确定 PLC 的硬件配置。一般输入点和输出信号、输出点和输出控制是一一对应的,分配时有以下几点需要注意。

1)对于整体式 PLC,可确定基本单元和扩展单元的型号;对于模块式 PLC,可确定基本框架、扩展框架、各种模块的型号和数量以及插装位置。

2)对各模块所消耗的电流和所供电源的容量要进行核算。

3)对开关量输入点应注意选择电压等级、输入点密度、通断时间、外部端子连接方式等。

4)对开关量输出点应注意选择输出形式、输出点密度、驱动负载能力、通断时间、外部端子连接方式等。

5)对 I/O 点数的配置应留有备用点,以便调试、扩展和故障点改用时使用。

分配好 I/O 点后,要对每一个输入信号和输出信号进行编号。在两个信号共用一个输入点的情况下,应在接入输入点前按照逻辑关系接好线后再接到输入点。

编号结束后,即可列出 I/O 地址分配表。I/O 地址分配表的列法一般有两种:一种是按对象列出 I/O 地址分配表,见表 5-2;另一种是按元器件种类列出 I/O 地址分配表,见表 5-3。

表 5-2　按对象进行 I/O 点地址分配实例

输　　入		输　　出	
起动信号	I0.0	开启激光	Q0.0
激光开启	I0.1	X 轴左移	Q0.1
X 轴左极限	I0.2	X 轴右移	Q0.2
X 轴右极限	I0.3	Y 轴左移	Q0.3
Y 轴左极限	I0.4	Y 轴右移	Q0.4
Y 轴右极限	I0.5	工作台回原点	Q0.5
工作台在原点	I0.6	关闭激光	Q0.6
激光关闭	I0.7		

表 5-3　按元器件种类进行 I/O 点地址分配实例

输　　入		输　　出	
起动信号	I0.0	开启激光	Q0.0
停止信号	I0.1	关闭激光	Q0.1
激光开启	I0.2	X 轴右移	Q0.2

续表

输　　入		输　　出	
激光关闭	I0.3	Y轴左移	Q0.3
X轴右极限	I0.4	Y轴右移	Q0.4
X轴左极限	I0.5	Y轴左移	Q0.5
Y轴右极限	I0.6	工作台回原点	Q0.6
Y轴左极限	I0.7		
工作台在原点	I0.8		

（2）减少 I/O 点的措施

在满足系统控制要求的前提下，应合理使用 I/O 点数，尽可能减少所需的 I/O 点数，以降低成本，方便扩展。下面介绍几种常见的减少 I/O 点数的措施。

Ⅰ．减少输入点数的措施

1）分组输入。可将输入信号按其对应的工作方式分成若干组，PLC 运行时只会用到其中的一组信号，各组输入可共用 PLC 的输入点，这样既能减少所需的输入点，也可以选择不同的工作方式来运行。如图 5-20 所示，系统输入端有"自动"和"手动"两种工作方式，S1~S8 为自动工作方式用到的输入信号，Q1~Q8 为手动工作方式用到的输入信号，两组输入信号共用 PLC 的输入点 I0.0~I0.7。用工作方式选择开关 SA 来切换"自动"和"手动"信号的输入电路，并通过 I1.0 让 PLC 识别是"自动"还是"手动"，从而执行自动程序或手动程序。

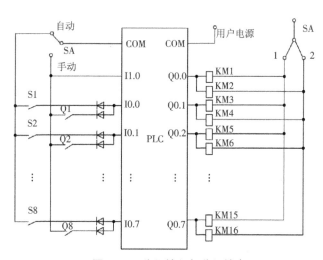

图 5-20　分组输入与分组输出

2）矩阵输入。图 5-21 所示为 3×3 矩阵输入电路，用 PLC 的 3 个输入点 I1.0、I1.1、I1.2 和 3 个输出点 Q1.0、Q1.1、Q1.2 来实现 9 个开关量识别输入设备的输入。其中，输入端的公共端 COM 与输出端的公共端 COM 接在一起，随着输出端 Q1.0、Q1.1、Q1.2 轮流导通，

I1.0、I1.1、I1.2 轮流得到三组不同设备的输入状态。Q1.0 接通时，读入 Q1、Q2、Q3 的通断状态；Q1.1 接通时，读入 Q4、Q5、Q6 的通断状态；Q1.2 接通时，读入 Q7、Q8、Q9 的通断状态。

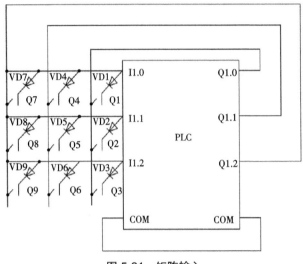

图 5-21　矩阵输入

3）组合输入。对于不会同时接通的输入信号，可采用组合编码的方式输入。如图 5-22（a）所示，3 个输入信号 Q1.1、Q1.2、Q1.3 只占用两个输入点 I1.0、I1.1，通过如图 5-22（b）所示的梯形图程序的译码，还原成与 Q1.1、Q1.2、Q1.3 对应的 3 个信号。采用这种方法要保证各输入开关信号不会同时接通。

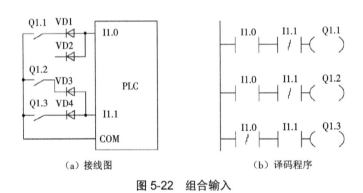

（a）接线图　　　　　　　　　（b）译码程序

图 5-22　组合输入

4）输入设备多样化。可借助 PLC 的逻辑处理功能来实现一个输入设备在不同条件下产生不同作用的信号。

5）将某些功能相同的开关量输入设备合并输入。

6）一些输入信号简单、涉及面窄的输入设备可放在外部电路中，如某些手动按钮、电动机过载保护的热继电器触点等。

Ⅱ.减少输出点数的措施

1）分组输出。对于两组不会同时工作的输出设备或负载,可通过外部转换开关或通过受 PLC 控制的电气触点进行切换,这样 PLC 的每个输出点可以控制两个不同时工作的负载。如图 5-20 所示,KM1、KM3、KM5、…、KM15 和 KM2、KM4、KM6、…、KM16 两组不会同时接通,用转换开关 SA 进行切换。

2）矩阵输出。如图 5-23 所示,采用 6 个输出点组成 3×3 矩阵输出电路,可接 9 个输出负载。要使某个负载接通工作,只要使它所在的行与列对应的输出继电器接通即可。

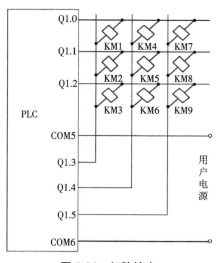

图 5-23　矩阵输出

3）并联输出。两个通断状态完全相同的负载可通过并联共用 PLC 的一个输出点。此时,需要注意 PLC 输出点的驱动能力是否满足要求。

4）输出设备多功能化。可借助 PLC 的逻辑处理功能来实现一个输出设备在不同条件下实现不同的用途。

5）一些系统中,对于相对独立、比较简单的输出设备,可直接采用 PLC 外部硬件电路实现控制,而不必连接在 PLC 上。

习题与思考题

1）试阐述机电一体化系统中控制系统的设计过程。

2）试介绍三种常用计算机控制系统的类型以及其基本应用特点。

第6章 多轴工业机器人系统集成与调试实例

6.1 工业机器人的系统组成

工业机器人是一种功能完整、可独立运行的典型机电一体化设备,它有自身的控制器、驱动系统和操作界面,可对其进行手动、自动及编程控制,其能依靠自身的控制能力来实现所需要的功能。广义上的工业机器人是由工业机器人本体及相关附加设备组成的完整系统。总体上,工业机器人各部分可分为机械部件和电气控制系统两大部分,如图 6-1 所示。

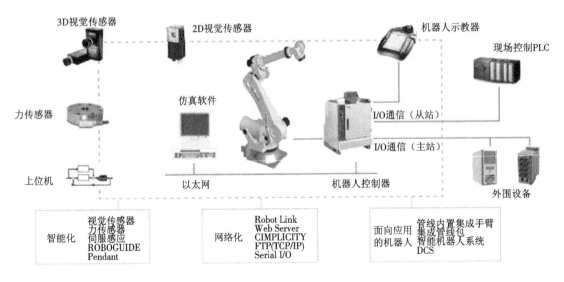

图 6-1 工业机器人的系统组成

工业机器人(以下简称"机器人")系统的机械部件包括机器人本体、末端执行器、变位器等;电气控制系统主要包括控制器、驱动器、操作单元、上级控制器等。其中,机器人本体、末端执行器、控制器、驱动器、操作单元是机器人必需的基本组成部件,所有机器人都必须配备。

在电气控制系统中,上级控制器用于机器人系统的协同控制与管理的附加设备,既可用于机器人与机器人、机器人与变位器的协同作业控制,也可用于机器人和数控机床、机器人和自动生产线或其他机电一体化设备的集中控制。此外,上级控制器还可用于机器人的操作、编程与调试。上级控制器同样可根据实际系统的需要选配,在柔性加工单元、自动生产线等自动化设备上,上级控制器的功能也可直接由数控机床所配套的计算机数控(Computerized Numerical Control,CNC)系统、生产线控制用的 PLC 等承担。

6.1.1　机器人本体

机器人本体又称操作机,它是用来完成各种作业的执行机构,包括机械部件及安装在机械部件上的驱动电动机、传感器等。

机器人本体的形态各异,但绝大多数都是由若干关节(Joints)和连杆(Links)连接而成。以常用的六轴垂直关节型(Vertical Articulated)机器人为例,其运动主要包括整体回转(腰关节)、下臂摆动(肩关节)、腕回转和弯曲(腕关节)等。机器人本体的典型结构如图 6-2 所示。

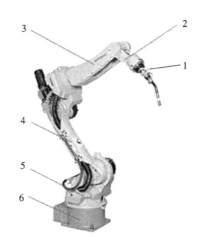

图 6-2　工业机器人本体的典型结构

1—手部;2—腕部;3—上臂;4—下臂;5—腰部;6—基座。

机器人的末端安装有末端执行器,它既可以是类似人手的手爪,也可以是吸盘或其他各种作业工具;腕部用来连接手部和上下臂,起到支撑手部的作用;上臂用来连接腕部和下臂,上臂可回转和上下摆动,以实现腕部做大范围的上下(俯仰)运动;下臂用来连接上臂和腰部,并可回转和上下摆动,以实现腕部做大范围的前后运动; 腰部用来连接下臂和基座,它可以在基座上回转,以改变整个机器人的作业方向;基座是整个机器人的支承部分。机器人的基座、腰部、下臂、上臂统称机身;机器人的腕部和手部统称手腕。

机器人的末端执行器又称工具,它是安装在机器人手腕上的作业机构。末端执行器与机器人的作业要求、作业对象密切相关,一般需要由机器人生产企业和用户共同设计与制造。例如,用于装配、搬运、包装的机器人需要配置吸盘、手爪等来抓取零件、物品的夹持器;加工类机器人需要配置分别用于焊接、切割、铣削、打磨等加工的焊枪、割炬、铣头、磨头等各种工具或刀具。

6.1.2　变位器

变位器是用于机器人或工件整体移动和进行协同作业的附加装置，它既可选配机器人生产企业的标准部件，也可由用户根据需要自行设计、制造。变位器的应用实例如图6-3所示。通过选配变位器，可增加机器人的自由度和作业空间，还可实现作业对象或其他机器人的协同运动，增强机器人的功能和作业能力。简单机器人系统的变位器一般由机器人控制器直接控制，多机器人复杂系统的变位器需要由上级控制器进行集中控制。

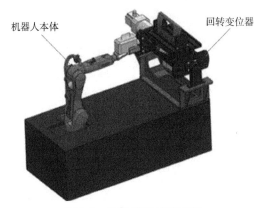

机器人本体　　　回转变位器

图6-3　变位器的应用实例

根据用途，机器人变位器可分为通用型和专用型两类。专用型变位器一般用于作业对象的移动，其结构各异、种类较多，难以尽述。通用型变位器既可用于机器人移动，也可用于作业对象移动，它是机器人常用的附件。根据运动特性，通用型变位器可分为回转变位、直线变位两类；根据控制轴数，其又可分为单轴、双轴、三轴变位器。

通用型回转变位器与数控机床的回转工作台类似，常用的有图6-4所示的单轴和双轴两类。单轴变位器可用于机器人或作业对象的垂直（立式）或水平（卧式）360°回转，配置单轴变位器后，机器人可以增加1个自由度。双轴变位器可实现一个方向的360°回转和另一方向的局部摆动，配置双轴变位器后，机器人可以增加2个自由度。

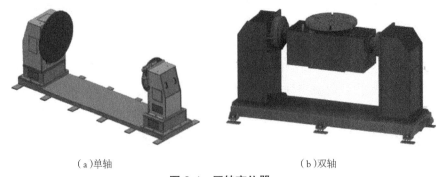

（a）单轴　　　　　　　　　　　（b）双轴

图6-4　回转变位器

三轴R形变位器是焊接机器人常用的附件，这种变位器有2个水平360°回转轴和1

个垂直方向回转轴,可用于回转类工件的多方位焊接或工件的自动交换。

通用型直线变位器与数控机床的移动工作台类似,它多用于机器人本体的大范围直线运动。图 6-5 为常用的水平移动直线变位器,也可以根据实际需要,选择垂直方向移动的变位器或能实现双轴十字运动、三轴空间运动的变位器。

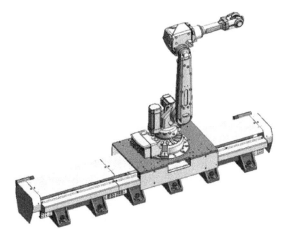

图 6-5　水平移动直线变位器

6.1.3　电气控制系统

在机器人的电气控制系统中,上级控制器仅用于复杂系统中各种机电一体化设备的协同控制、运行管理和调试编程,它通常以网络通信的形式与机器人控制器进行信息交换。因此,实际上上级控制器属于机器人电气控制系统的外部设备。而机器人控制器、操作单元、驱动器及辅助控制电路,则是机器人控制必不可少的系统部件。

1. 机器人控制器

机器人控制器是用于机器人坐标轴位置和运动轨迹控制的装置,其输出运动轴的插补脉冲,功能与计算机数控(CNC)装置非常类似。机器人控制器的常用类型有工业计算机型和 PLC(可编程控制器)型两种。

工业计算机型机器人控制器的主机和通用计算机并无本质的区别,但机器人控制器需要增加传感器、驱动器接口等硬件;这种控制器的兼容性好、软件安装方便、网络通信容易。PLC 型控制器以类似 PLC 的 CPU 模块作为微处理器,然后通过选配各种 PLC 功能模块,如测量模块、轴控制模块等,实现对机器人的控制;这种控制器的配置灵活、模块通用性好、可靠性高。

2. 操作单元

工业机器人的现场编程一般通过示教操作实现,它对操作单元的移动性能和手动性能的要求较高,但其显示功能一般不及 CNC 系统。因此,机器人的操作单元以手持式为主,习惯上称为示教器。

传统的示教器由显示器和按键组成,操作者可通过按键直接输入命令进行所需的操作。

目前,常用的示教器为菜单式,它由显示器和操作菜单键组成,操作者可通过操作菜单选择需要的操作。先进的示教器使用了与目前智能手机相同的触摸屏和图标界面,这种示教器的最大优点是可直接通过 WiFi 网络连接控制器和联网,从而省略了示教器和控制器间的连接电缆。这种先进的示教器使用灵活、方便,是适合在网络环境下使用的新型操作单元。

3. 驱动器

驱动器实际上是用于将控制器的插补脉冲功率放大的装置,以实现对驱动电动机位置、速度、转矩的控制。驱动器通常安装在控制柜内。驱动器的形式由所驱动的电动机类型决定,伺服电动机需要配套伺服驱动器,步进电动机需要使用步进驱动器。机器人目前常用的驱动器以交流伺服驱动器为主,它有集成式、模块式和独立式 3 种基本结构形式。

集成式驱动器的全部驱动模块集成于一体,电源模块可以独立或集成,这种驱动器的结构紧凑、生产成本低,是目前使用较为广泛的结构形式。模块式驱动器的电源模块为公用,驱动模块独立,驱动器需要统一安装。集成式和模块式驱动器控制不同轴时的轴间关联性强,调试、维修和更换相对比较麻烦。独立式驱动器的电源和驱动电路集成一体,每一轴的驱动器可独立安装和使用,因此其安装使用灵活,通用性好,调试、维修和更换也较方便。

4. 辅助控制电路

辅助控制电路主要用于控制器、驱动器电源的通断控制和接口信号的转换。由于机器人的控制需求类似,接口信号的类型基本统一,为了缩小体积、降低成本、方便安装,辅助控制电路常被制成标准的控制模块。

尽管机器人的用途、规格有所不同,但电气控制系统的组成部件和功能类似,因此机器人生产企业一般将电气控制系统统一设计成如图 6-6 所示的通用控制柜。

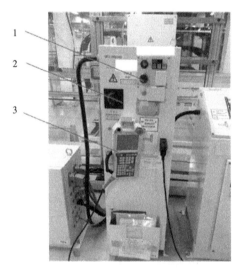

图 6-6　电气控制系统(通用控制框)

1—急停按钮;2—电源开关;3—示教器。

在通用控制柜上,示教器是用于控制工业机器人操作、编程及数据输入 / 显示的人机界面,为了方便使用,其一般为可移动式悬挂部件。控制柜中的驱动器一般为集成式交流伺服驱动器;控制器则以 PLC 型为主。另外,在采用工业计算机型机器人控制器的系统中,控制器有时也独立安装,而系统的其他控制部件通常统一安装在控制柜内。

6.2 工业机器人的特点

6.2.1 基本特点

工业机器人是集机械、电子、控制、检测、计算机、人工智能等多学科先进技术于一体的典型机电一体化设备,其主要技术特点如下。

1. 拟人化

在结构形态上,大多数工业机器人的本体有类似人类的腰部、大臂、小臂、手腕、手爪等部件,并接受其控制器的控制。在智能工业机器人上,还安装有模拟人类等生物的传感器,例如模拟感官的接触传感器、力传感器、负载传感器、光传感器,模拟视觉的图像识别传感器,模拟听觉的声传感器、语音传感器等。这样的工业机器人具有类似人类的环境自适应能力。

2. 柔性化

工业机器人有完整、独立的控制系统,它可通过编程来改变其动作和行为,此外还可通过安装不同的末端执行器来满足不同的应用要求。因此,工业机器人具有适应对象变化的柔性。

3. 通用性

除了部分专用工业机器人外,大多数工业机器人都可通过更换末端执行器来完成不同的作业,如更换手爪、夹具、工具等。因此,工业机器人具有一定的、执行不同作业任务的通用性。

工业机器人、数控机床、机械手三者在结构组成、控制方式、行为动作等方面有许多相似之处,以至于非专业人士很难区分,有时会引起误解。以下通过比较,介绍三者之间的区别。

6.2.2 工业机器人与数控机床

世界上首台数控机床出现于 1952 年,它由美国麻省理工学院率先研发,其诞生比工业机器人早 7 年,因此工业机器人的很多技术都来自数控机床。

George Devol(乔治·德沃尔)最初设想的机器人实际就是工业机器人,他所申请的专利就是利用数控机床的伺服轴驱动连杆机构,然后通过控制器对伺服轴进行控制,来实现机器人的功能。按照相关标准的定义,工业机器人是“具有自动定位控制、可重复编程的多功能、多自由度的操作机”,这点也与数控机床十分类似。

因此,工业机器人和数控机床的控制系统类似,它们都有控制面板(示教器)、控制器、伺服驱动器等基本部件,操作者可利用控制面板对它们进行手动操作或进行程序自动运行,以及进行程序输入与编辑等操作。但是,由于工业机器人和数控机床的研发目的有着本质的区别,因此两者在地位、用途、结构、性能等各方面均存在较大的差异。图 6-7 所示的是数控机床和工业机器人的外形图,总体而言,两者的区别主要体现在以下几点。

（a）工业机器人　　　　　　（b）数控机床

图 6-7　工业机器人与数控机床

1. 作用和地位

机床是用来加工机器零部件的设备,是制造机器的机器,故称为工作母机。没有机床就几乎不能制造机器,没有机器就不能生产工业产品。因此,机床被称为国民经济基础的基础,在现有的制造模式中,它仍处于制造业的核心地位。工业机器人尽管发展速度很快,但目前绝大多数还只是用于零件搬运、装卸、包装、装配的生产辅助设备,或是进行焊接、切割、打磨、抛光等简单粗加工的生产设备,它在机械加工自动生产线上（焊接、涂装生产线除外）所占的价值一般还只有 15% 左右。

因此,除非现有的制造模式发生颠覆性变革,否则工业机器人的体量很难超越机床。所以,那些认为"随着自动化大趋势的发展,机器人将取代机床成为新一代工业生产的基础"的观点,至少在目前看来是不正确的。

2. 目的和用途

研发数控机床的根本目的是解决轮廓加工的刀具运动轨迹控制问题,而研发工业机器人的根本目的是用来协助或代替人类完成那些单调、重复、频繁或长时间、繁重的工作,或替代人类在高温、粉尘、有毒、易燃、易爆等危险环境中工作。由于两者的研发目的不同,因此两者的用途也有根本的区别。简言之,数控机床是直接用来加工零件的生产设备;而大部分工业机器人则是用来替代或部分替代人类进行零件搬运、装卸、装配、包装等作业的生产辅助设备。两者目前尚无法相互完全替代。

3. 结构形态

工业机器人需要模拟人的动作和行为,在结构上以回转摆动轴为主,直线轴为辅（可能无直线轴）,多关节串联、并联轴是其常见的形态;部分机器人（如无人搬运车等）的作业空间也是开放的。数控机床的结构以直线轴为主,回转摆动轴为辅（可能无回转摆动轴）,绝大多数都采用直角坐标体系;其作业空间（加工范围）局限于设备本身。

但是,随着技术的发展,两者的结构形态也在逐步融合,如机器人有时也采用直角坐标体系,采用并联虚拟轴结构的数控机床也已有实用化的产品等。

4. 技术性能

数控机床是用来加工零部件的精密加工设备,轮廓加工能力、定位精度和加工精度等是衡量数控机床性能的最重要技术指标。高精度数控机床的定位精度和加工精度通常需要达到 0.01 mm 或 0.001 mm 的数量级,甚至更高,且其对精度检测和计算标准的要求高于机器人。数控机床的轮廓加工能力决定于工件需求和机床结构,通常而言,能同时控制 5 轴(五轴联动)的机床,就可满足几乎所有零件的轮廓加工需求。

工业机器人是用于零件搬运、装卸、码垛、装配的生产辅助设备,或是进行焊接、切割、打磨、抛光等粗加工的设备,强调的是动作灵活性、作业空间、承载能力和感知能力。因此,除少数用于精密加工或装配的机器人外,其余大多数工业机器人对定位精度和轨迹精度的要求并不高,通常只需要达到 0.1~1 mm 的数量级便可满足要求,且对精度检测和计算标准的要求均低于数控机床。但是,工业机器人的控制轴数将直接决定自由度、动作灵活性等关键指标,相关要求很高。理论上说,工业机器人需要有 6 个自由度(六轴控制),才能完全描述一个物体在三维空间的位姿,如需要避障,还需要有更多的自由度。此外,智能工业机器人还需要有一定的感知能力,故需要配备位置、触觉、视觉、听觉等多种传感器;而数控机床一般只需要检测速度与位置,因此工业机器人对检测技术的要求高于数控机床。

6.2.3　工业机器人与机械手

用于搬运、装卸、码垛、装配的工业机器人和自动化生产设备中的辅助机械手类似。例如,国际标准化组织(International Organization for Standardization, ISO)将工业机器人定义为"自动的、位置可控的、具有编程能力的多功能机械手";日本机器人协会(Japan Robot Association, JRA)将工业机器人定义为"能够执行人体上肢(手和臂)类似动作的多功能机器"。这表明,两者的功能存在很多的相似之处。但是,工业机器人与生产设备中的辅助机械手的控制系统、操作编程、驱动系统有明显的不同。工业机器人和机械手的外形如图 6-8 所示。

(a)工业机器人　　　　　　　　　(b)机械手

图 6-8　工业机器人和机械手

1.控制系统

工业机器人需要有独立的控制器、驱动系统、操作界面等,可实现手动控制、自动操作和编程控制。因此,它是一种可独立运行的完整设备,能依靠自身的控制能力来实现所需要的功能。机械手只是用来实现换刀或工件装卸等操作的辅助装置,对其控制一般需要通过设备的控制器(如 PLC 等)实现,它没有自身的控制系统和操作界面,故不能独立运行。

2.操作编程

工业机器人具有适应动作和对象变化的柔性,其动作是随时可变的,如果需要用户可随时通过手动操作或编程来改变其动作,现代工业机器人还可使用人工智能技术基于事先所制定的原则和纲领自主行动。但是,辅助机械手的动作和对象是固定的,其控制程序通常由生产企业编制,即使在调整和维修时,用户通常也只能按照生产企业的规定进行操作,而不能改变其动作位置与次序。

3.驱动系统

工业机器人需要灵活改变位姿,绝大多数运动轴都需要有在任意位置定位的功能,需要使用伺服驱动系统。在自动导引车(Automated Guided Vehicle，AGV)等输送机器人上,还需要配备相应的行走机构及相应的驱动系统。而辅助机械手的安装位置、定位点和动作次序样板都是固定不变的,对大多数运动部件控制时,只需要控制起点和终点。因此,辅助机械手较多地采用气动、液压驱动系统。

6.3　典型的工业机器人

6.3.1　焊接机器人

焊接机器人是能将焊接工具按要求送到预定空间位置,按要求的轨迹及速度移动焊接工具的工业机器人。

焊接在工业制造的连接加工过程中是最重要的工艺。手工焊接需要高水平的技术工人,因为焊接中出现的一点小瑕疵都可能导致严重的后果。焊接机器人的应用如图 6-9 所示。

图 6-9　焊接机器人的应用

为什么焊接机器人能胜任这么关键的工作呢? 现代的焊接机器人有以下特征。

1）计算机控制使任务序列编程、机器人运作、外部驱动装置、传感器和外部通信成为可能。

2）可对机器人位置 / 方向、参考系和轨迹进行自由定义和参数化。

3）轨迹具有高度的可重复性和定位精度，典型的重复定位能力为 ±0.1 mm，定位精度为 ±1.0 mm。

4）末端执行器有高达 8 m/s 的运动速度。

5）典型情况下，机器人有 6 个自由度，使其工作范围能覆盖用户设定的方向和位置。此外，可将 6 个自由度焊接机器人放在一个线性轴上，形成 7 个自由度，对工作区间进行延展。这种方法是很常见的，尤其在焊接大型结构时。

6）典型的有效载荷是 6~100 kg。

7）具有先进的可编程控制器（PLC）和高速输入 / 输出控制器，其能够和机器人单元内部协同工作，实现一定的功能。

8）可通过现场总线和以太网进行连接和控制。

按焊接方式，焊接机器人分为点焊型和弧焊型。

点焊是将焊件压紧在两个柱状电极之间，通电加热，使焊件在接触处熔化形成熔核，然后断电，并在压力下凝固结晶，形成组织致密的焊点。图 6-10 所示为点焊机器人的原理和应用。

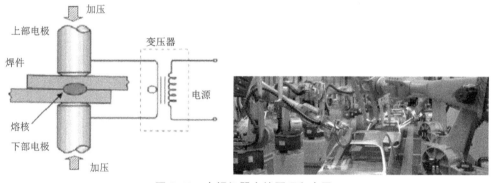

图 6-10　点焊机器人的原理和应用

点焊对焊接机器人的要求不是很高，因为点焊只需点位控制，而且在点与点之间移动时速度要快捷，对焊钳在点与点之间的移动轨迹没有严格要求。点焊机器人不仅要有足够的负载能力，而且动作要平稳，定位要准确，运动速度要快，以缩短移动时间。点焊机器人的主要评价指标为定位精度和焊接质量。定位精度由机器人的本体结构精度和控制器性能综合决定；焊接质量由焊接系统决定。点焊机器人的焊钳形式如图 6-11所示。

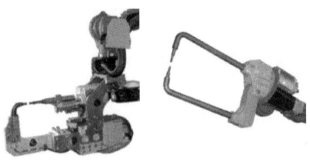

（a）C 形焊钳　　　　　　　　　　　　（b）X 形焊钳

图 6-11　点焊机器人的焊钳

弧焊是利用电弧放电所产生的热量熔化焊条和工件,通过冷却凝结使二者连接在一起的过程。弧焊过程比点焊过程复杂得多,焊丝端头的运动轨迹、焊枪姿态、焊接参数都要求精确控制。弧焊的原理如图 6-12 所示。弧焊机器人的系统组成如图 6-13 所示。

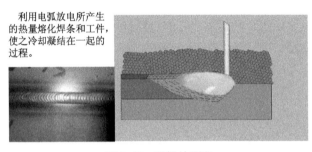

图 6-12　弧焊的原理

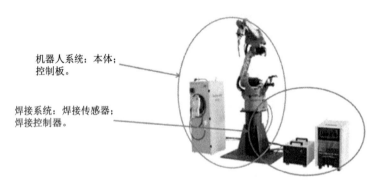

图 6-13　弧焊机器人的系统组成

弧焊对机器人的主要要求如下。

1)弧焊机器人的作业采用连续路径控制,其定位精度应为 ±0.5 mm。

2)弧焊机器人可达到的工作空间大于焊接所需的工作空间。

3)弧焊机器人应具有防碰撞、焊枪矫正、焊缝自动跟踪、自动清枪等功能。

4)弧焊机器人应具有较高的抗干扰能力和可靠性,并有较强的故障自诊断功能。

5)弧焊机器人示教器记忆容量应大于 5 000 点。

6)弧焊机器人的负载能力一般为 5~20 kg,经常为 8 kg 左右。

6.3.2 喷涂机器人

喷涂机器人是能自动喷漆或喷涂其他涂料的工业机器人。喷涂机器人最显著的特点:首先,其不受喷涂车间内有害气体的影响,可以精确地重复完成相同的喷涂操作,喷涂质量比较稳定;其次,喷涂机器人的操作动作是由程序控制的,对于同样的任务,控制程序是固定不变的,因此可以得到均匀的表面涂层;最后,喷涂机器人的操作的动作控制程序可以重新编制,所以其可以实现多种喷涂对象在同一条喷涂线上进行喷涂。有鉴于此,喷涂机器人在喷涂领域越来越受到重视。

由于喷涂车间内的漆雾是易燃易爆的,如果喷涂机器人的某个部件产生火花或温度过高,就可能会引燃喷涂车间内的漆雾,导致喷涂车间内发生火灾,甚至是爆炸。所以,防爆系统的设计是喷涂机器人设计工作的重要组成部分。此外,由于喷涂在工件表面的黏性流体介质需要干燥后才能固化,所以在喷涂过程中,喷涂机器人不得接触已喷涂的工件表面,否则将破坏表面的喷涂质量。因此,喷枪的输漆管路等都不得在喷涂机器人外部悬挂,而是从机器人的机械臂中穿过,这在一定程度上影响了喷涂机器人的关节转动范围。另外,喷涂机器人需配置流量控制系统与换色系统,以适应不同的喷涂需要。喷涂机器人系统组成如图6-14 所示。

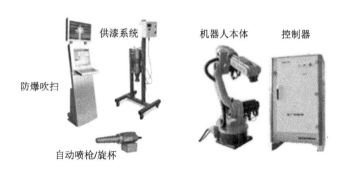

图 6-14 喷涂机器人系统组成

与其他工业机器人相比,喷涂机器人在工作环境和动作上有如下特点。

1)工作环境中包含易爆的喷涂剂蒸气。

2)沿轨迹高速运动,途经各点均为作业点,属于轨迹控制。

3)多数喷涂机器人或被喷涂件都搭载在传送带上,边移动边喷涂,所以要具备一些特殊的功能以适应这种工作方式。

6.3.3 码垛机器人

码垛机器人是典型的机电一体化产品,如图 6-15 所示。码垛机器人对企业提高生产效率、增加经济效益、保证产品质量、改善劳动条件、优化作业布局的贡献非常巨大,其应用的数量和质量标志着企业生产自动化的先进水平。时至今日，机器人码垛是工厂实现自动化生产的关键，是工业大生产的必然发展趋势。因此，研制与推广高速、高效、智能、可靠、节能的码垛机器人具有重大意义。

图6-15　码垛机器人

机器人码垛作业就是按照集成化、单元化的思想，由码垛机器人自动将输送线或传送带上源源不断输送的物件按照一定的堆放模式，在预置货盘上一件件地堆码成垛，实现单元化物垛的搬运、存储、装卸、运输等物流活动。码垛机器人是一种专门用于自动化搬运和码垛的工业机器人，可替代人工搬运与码垛，从而迅速提高企业的生产效率，显著减少人工搬运造成的差错。码垛机器人可全天候作业，广泛应用于化工、饮料、固体食品、酒类、塑料等生产企业。其可对各种纸箱、酒箱、袋装、罐装、瓶装物品进行作业。

码垛机器人的关键技术如下。

1）智能化、网络化的控制器技术。

2）故障诊断与安全维护技术。

3）模块化、层次化的控制器软件系统相关技术。

4）开放性、模块化的控制系统相关技术。

6.3.4　检测机器人

检测机器人是机器人家族中的特殊成员，其专门用于进行检查、测量等作业。按运动方式和应用场合，检测机器人可分为多种类型，它们在不同行业或部门中发挥着重要作用。图6-16所示为中央空调风管检测机器人，它能够深入中央空调风管内部详细检测相关情况，为后续处置方案的制订提供可靠资料。图6-17所示为一种在零件加工现场使用的应力检测机器人，它能够凭借所携带应力检测仪准确检测工件的应力状况，为加工合格产品提供有力帮助。图6-18所示为一种视觉检测机器人，它位于生产流水线旁，仔细检测每一个从它旁边高速经过的物品，准确判断物品是否合格，从而有效提高企业产品的良品率。图6-19所示为一种轮式管道检测机器人，它个头虽然小巧，但携带有一种或多种传感器及操作机械，它在工作人员的遥控或计算机控制系统的控制下，可沿细小管道内部或外部行走，进行管道检测作业。

图 6-16　中央空调风管检测机器人

图 6-17　应力检测机器人

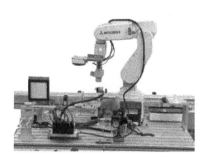

图 6-18　视觉检测机器人

图 6-19　轮式管道检测机器人

6.3.5　装配机器人

　　装配机器人是柔性自动化装配系统的核心设备,常用的装配机器人主要有可编程通用装配操作器(Programmable Universal Manipulator for Assembly, PUMA)和选择顺应性装配机器臂(Selective Compliance Assembly Robot Arm, SCARA)两种类型。与一般工业机器人相比,装配机器人具有精度高、柔顺性好、工作范围小、能与其他系统配套使用等特点,主要用于各种电器制造行业。图 6-20 所示为装配机器人的应用实例。

图 6-20　装配机器人的应用实例

　　装配机器人的大量作业任务是轴与孔的装配,为了在轴与孔存在误差情况下进行装配,装配机器人应具有柔顺性。主动柔顺性是根据传感器反馈的信息调整机器人手爪的动作，而从动柔顺性则利用不带动力的机构来控制手爪的运动以补偿其位置误差。一部分柔顺装置允许轴做侧向移动而不转动，另一部分则允许轴绕远心（通常位于离手爪最远的轴端）转动而不移动。这两种柔顺装置分别补偿侧向误差和角度误差，以实现轴孔装配。

习题与思考题

1）简述工业机器人系统的组成部分。

2）简述工业机器人系统的典型应用及主要技术参数。

第7章 AGV 移动机器人系统集成与调试实例

7.1 AGV 移动机器人定义

AGV 即自动导引车,是装备有电磁或光学等自动导引装置的,能够沿规定的导引路径行驶的,具有安全保护以及各种移载功能的运输车。

AGV 以可充电蓄电池或非接触式供电系统为其提供动力源,其上装有非接触导引装置,可实现无人驾驶。AGV 的主要功能表现为能在计算机监控下,按路径规划和作业要求,精确地行走并停靠到指定地点,完成一系列作业功能。

AGV 以轮式移动为特征,较之步行、爬行或其他非轮式的移动机器人具有运动快捷、工作效率高、结构简单、可控性强、安全性好等优势。与物料输送中常用的其他设备相比,AGV 的活动区域无须铺设轨道及支座、架等固定装置,且 AGV 不受场地、道路和空间的限制。因此,在自动化物流系统中,AGV 能充分地体现自动性和柔性,从而实现高效、经济、灵活的无人化生产。

7.2 AGV 控制系统组成

AGV 控制系统分为地面(上位)控制系统、车载(单机)控制系统和导航/导引系统。其中,地面控制系统为 AGV 系统的固定设备,主要负责任务分配、车辆调度、路径(线)管理、交通管理、自动充电等功能;车载控制系统在收到上位控制系统的指令后,负责 AGV 的导航计算、导引实现、车辆行走、装卸操作等控制功能;导航/导引系统为 AGV 系统提供绝对或相对的位置及航向。AGV 本体的硬件组成主要包括车载控制系统、导航模块、电池模块、障碍物探测模块、报警模块、充电模块、通信模块、行驶机构等。AGV 控制系统整体架构如图 7-1 所示。

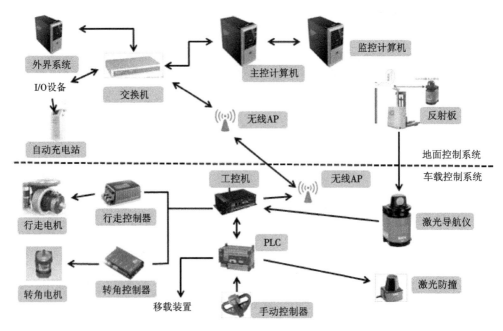

图 7-1　AGV 控制系统结构

7.2.1　AGV 地面控制系统（Stationary System）

AGV 地面控制系统是 AGV 系统的核心。其主要功能是对 AGV 系统中的多台 AGV 单机进行任务管理、车辆管理、交通管理、通信管理等。这些功能分别体现在 AGV 地面控制系统的功能架构中，如图 7-2 所示。

1. 任务管理

任务管理类似于计算机操作系统的进程管理，它提供：对 AGV 地面控制程序的解释执行环境；根据任务优先级和启动时间的调度运行；对任务的各种操作，如起动、停止、取消等。

2. 车辆管理

车辆管理是 AGV 管理的核心功能，它根据物料搬运任务的请求，分配调度 AGV 执行任务，根据 AGV 行走时间最短原则，计算 AGV 的最短行走路径，并控制指挥 AGV 的行走过程，及时下达装卸货和充电命令。

3. 交通管理

交通管理根据 AGV 的物理尺寸、运行状态和路径状况，提供 AGV 互相自动避让的措施，同时提供避免车辆互相等待而死锁的方法和死锁后的解除方法。AGV 的交通管理主要有行走段分配和死锁报告功能。

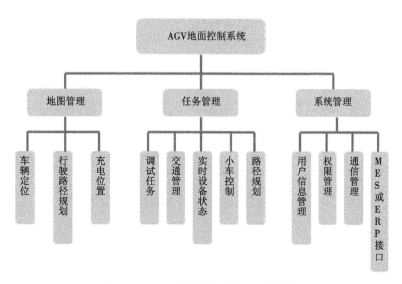

图 7-2　AGV 地面控制系统的功能架构

4. 通信管理

通信管理提供 AGV 地面控制系统与 AGV 单机、地面监控系统、地面 I/O 设备、车辆仿真系统及上位计算机的通信功能。地面控制系统和 AGV 间的通信使用无线电通信方式，需要建立一个无线网络。AGV 只和地面控制系统进行双向通信，AGV 间不进行通信；地面控制系统采用轮询方式和多台 AGV 通信；AGV 与地面监控系统、车辆仿真系统、上位计算机的通信使用 TCP/IP 通信。

5. 车辆驱动

车辆驱动负责 AGV 状态的采集，并向交通管理发出"行走段"的允许请求，同时把"确认段"下发 AGV。

7.2.2　AGV 车载控制系统（Onboard System）

AGV 单机控制系统在收到地面控制系统的指令后，负责 AGV 单机的导航、导引、路径选择、车辆驱动、装卸操作等功能。这些功能是基于 AGV 本体的硬件实现的，如图 7-3 所示。

1. 导航（Navigation）

AGV 本体通过自身装备的导航器件测量并计算出所在全局坐标中的位置和航向。

2. 导引（Guidance）

AGV 本体根据当前的位置、航向及预先设定的理论轨迹来计算下个周期的速度值和转向角度值，即 AGV 运动的命令值。

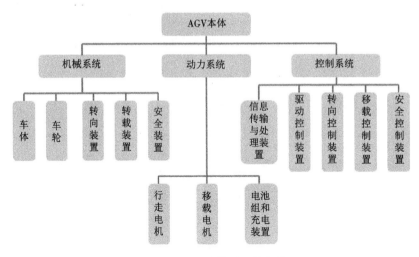

图 7-3　AGV 本体的硬件架构

3. 路径选择（Searching）

AGV 本体根据地面控制系统的指令，通过计算，预先选择即将运行的路径，并将结果报送地面控制系统，能否运行由地面控制系统根据其他 AGV 所在的位置统一调配。AGV 本体的行走路径是根据实际工作条件设计的，它由若干"段"组成。每一"段"都指明了该段的起始点、终止点，以及 AGV 在该段的行驶速度和转向等信息。

4. 车辆驱动（Driving）

AGV 本体根据导引的计算结果和路径选择信息，通过伺服器件控制车辆运行。

7.2.3　导航 / 导引方式

AGV 之所以能够实现无人驾驶，导航和导引对其起到了至关重要的作用，目前用于 AGV 导航 / 导引的技术主要有以下几种。

1. 磁带导引

在地面上贴磁带替代在地面下埋设金属线，通过磁感应信号实现导引，其灵活性较好、改变或扩展路径较容易、磁带铺设简单易行。但此导引方式易受环路周围金属物质的干扰，磁带易受机械损伤。因此，磁带导引的可靠性受外界影响较大。磁带导引的原理如图 7-4 所示。

2. 惯性导航

惯性导航是在 AGV 上安装陀螺仪，并利用陀螺仪获取 AGV 的三轴角速度和加速度，再通过积分运算对 AGV 进行导航定位。惯性导航的优点是成本低、短时间内精度高，但这种导航方式缺点也很明显，即陀螺仪本身随着时间增长，误差会累积增大，直到丢失位置，这是该导航方法的"绝对硬伤"。因此，惯性导航通常作为其他导航方式的辅助。例如，二维码导引 + 惯性导航就是在两个二维码之间的盲区使用惯性导航，通过二维码时重新校正位置。惯性导航的原理如图 7-5 所示。

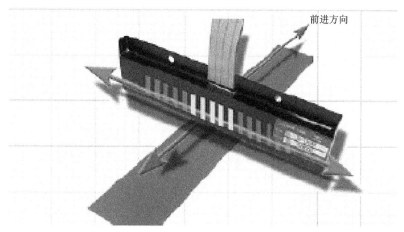

图 7-4　磁带导引原理

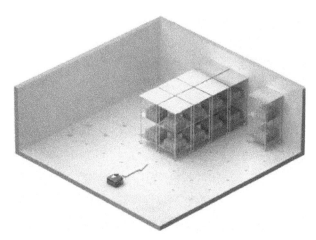

图 7-5　惯性导航原理

惯性导航技术在航天和军事上运用较早,其主要优点是技术先进、定位准确性高、灵活性强、便于组合和兼容、适用领域广。

3. 激光导航

激光导航是在 AGV 行驶路线上安装位置精确的反射板,AGV 的车载激光传感器会在 AGV 行走时发出激光束,激光束被多组反射板反射回来,接收器接收反射回来的激光并记录其角度值,通过结合反射板位置分析计算后,可以计算出 AGV 的准确坐标。激光导航的原理如图 7-6 所示。

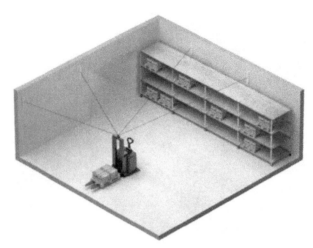

图 7-6　激光导航原理

　　激光导航技术的最大优点是定位精确、地面无须其他定位设施、行驶路径灵活多变、能够适合多种现场环境，它是国外许多 AGV 生产厂家优先采用的导引方式；缺点是设备成本高、对环境要求相对较苛刻（光线、地面条件、能见度等），不适合室外环境（易受雨、雪、雾的影响）。

4. 自然导航

　　自然导航是通过激光测距结合同步定位与建图（Simultaneous Localization and Mapping，SLAM）算法建立的一种无须使用反射板的导航方式。它不再需要辅助导航标志（二维码、反射板等），而是以工作场景中的物体，如仓库中的柱子、墙面等，作为定位参照物实现定位导航，如图 7-7 所示。相比于传统的激光导航，自然导航的优势是成本较低、不需要任何辅助材料、柔性化程度更高，适用于全局部署。

图 7-7　自然导航原理

5. 视觉导航

　　视觉导航也是基于 SLAM 算法的一种导航方式，它是通过车载视觉摄像头采集运行区域的图像信息，通过对图像信息的处理来进行定位和导航。视觉导航具有灵活性高、适用范围广和成本低等优点。但是,目前该技术的成熟度一般,如利用车载视觉系统快速准确地实现路标识别的技术仍处于瓶颈阶段。视觉导航的原理如图 7-8 所示。

图 7-8 视觉导航原理

7.2.4 驱动形式

1. 差速驱动

两轮差速行走机构的原理为两行走驱动车轮对称布置在前后中线上,两支承轮前后分别布置在以两行走驱动轮支点为底边的等腰三角形顶点处,如图 7-9 所示。差速驱动 AGV 靠两侧行走驱动轮差速转向,因此不必设置舵轮。该种 AGV 机构简单、工作可靠、成本低。在自动运行状态下,该种 AGV 能实现前进、后退行驶,并能垂直转弯,机动性好。和带舵轮的四轮行走机构 AGV 相比,该种 AGV 由于省去了舵轮,不仅可以省去两台电动机,还能节省空间,小车体积可以做得更小。近年来,采用这种驱动方式的 AGV 得到广泛应用。

图 7-9 差速驱动单元

2. 舵轮驱动

舵轮驱动单元包括转向电动机、驱动电动机、传动结构、检测单元等。转向电动机部分由驱动电动机、安装板、连接转向电动机的小齿轮、与该小齿轮配合的大齿轮和与大齿轮连接的转向支架组成,小齿轮和大齿轮设于转向电动机安装板上。工作时,转向电动机驱动小齿轮旋转,小齿轮带动大齿轮旋转,大齿轮通过转向支架带动驱动轮轮轴转动,从而使驱动轮总成转向。此种驱动形式适合大负载驱动,常应用于无人叉车、承载 AGV 等领域中。舵轮驱动单元如图 7-10 所示。

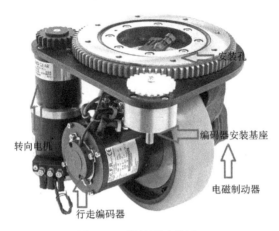

图 7-10　舵轮驱动单元

3. 全向驱动

全向驱动的关键是使用麦克纳姆轮作为驱动轮,如图 7-11 所示。这种驱动轮全方位移动的原理是依靠平台上多个机轮的方向和速度差异。各机轮产生的力最终合成在任何要求的方向上产生一个合力矢量,从而保证这个平台在最终的合力矢量的方向上自由移动,期间不改变机轮自身的方向。在麦克纳姆轮的轮缘上斜向分布着许多小滚子,故轮子可以横向滑移。小滚子的母线很特殊,当轮子绕着固定的轮心轴转动时,各小滚子的包络线为圆柱面,所以该轮能够连续地向前滚动。麦克纳姆轮结构紧凑、运动灵活,是很成功的一种全方位轮。由 4 个这种轮子进行组合,可以更灵活方便地实现全方位移动。

图 7-11　麦克纳姆轮

7.3　AGV 移动机器人应用实例

移动机器人系统是一种由传感器、遥控操作器和自动控制的移动载体组成的机器人系统。移动机器人是一种在复杂环境下工作,具有自行组织、自主运行、自主规划功能的智能机器人。它融合了计算机技术、信息技术、通信技术、微电子技术和机器人技术等。移动机器人在代替人从事危险、恶劣(如辐射、有毒等)环境下作业和人所不及的(如宇宙空间、水下等)环境作业方面,比一般机器人有更大的机动性、灵活性。

自动导引车(AGV)是移动机器人的一种常见应用。AGV 是主要以电池为动力,装有非接触导向装置的无人驾驶自动化搬运车辆。它的主要特征为车辆根据预先设定的程序和行驶路径,在计算机系统的监控下自动行驶到指定地点,并完成一系列作业任务。随着近年来现代物流及相关技术在我国的高速发展,AGV 已广泛应用于物流系统和柔性制造系统中,其高效、快捷、灵活的特点,大大提高了生产自动化程度和生产效率。常见的 AGV 有搬运型 AGV、装配型 AGV、牵引型 AGV 等。

7.3.1　自动导引车的组成

自动导引车主要包括车体、驱动及转向部件、导引装置、安全装置、供电装置、车载控制系统、通信装置,如图 7-12 所示。

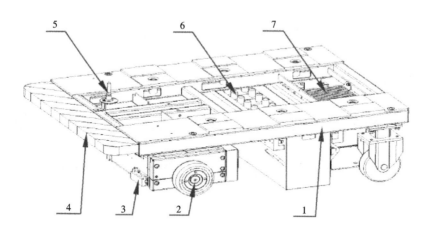

图 7-12　自动导引车组成

1—车体;2—驱动及转向部件;3—导引装置;4—安全装置;5—通信装置;6—供电装置;7—车载控制系统。

1. 车载控制系统

车载控制系统是 AGV 的核心部分,一般由计算机控制系统、导航系统、通信系统、操作面板及电动机驱动器构成。计算机控制系统可以采用 PLC、单片机及工控机等控制部件。通过导航系统能使 AGV 确定其自身位置,并能沿正确的路径行走。通信系统是 AGV 和控制台之间交换信息和命令的桥梁。由于无线通信具有不受障碍物阻挡的特点,一般在控制台和 AGV 之间采用无线通信。在 AGV 和移载设备之间,为了定位精确,一般采用光通信。

2. 车体

车体包括底盘、车架、壳体、控制器、蓄电池安装架等,它是 AGV 的躯体,具有电动车辆的结构特征。

3. 驱动及转向部件

驱动及转向部件一般由驱动系统、从动系统和转向机构组成,形式有三轮、四轮、六轮和多轮等。三轮结构一般采用前轮转向和驱动的方式,四轮或六轮结构一般采用双轮驱动、差速转向或独立转向方式。

4. 通信系统

通信系统一方面接收控制系统的命令,并及时、准确地传送给其他子系统,完成控制系统所指定的动作;另一方面又接收各子系统的反馈信息,并反馈给控制系统,作为控制系统协调、管理、控制的依据。由于 AGV 的位置不固定,且很多时候有多台 AGV 同时工作,这就组成了一种点对多点的通信网路。

5. 安全装置

为了避免在系统出现故障或有人员经过 AGV 工作路线时发生碰撞, AGV 一般都带有障碍物探测及避障、警声、警视、紧急停止等装置。

AGV 应具有多级安全装置及警示标志,具体如下。

1)安全标志和警示标志。

2)转向指示灯、行驶指示灯和相应的声光报警装置。

3)在行驶及移载过程中出现异常时,具有能够保持安全状态的装置或措施。

4)紧急停止装置,应安装于醒目位置,便于操作。

5)非接触式防撞装置(可选)。

6)接触式防撞装置。

7)自动移载时,确保移载装置与外围设备互锁联动。

7.3.2　自动导引车的导引方式

AGV 的导引方式指决定其运行方向和路径的方式。常用的导引方式分为两类,即预定路径方式和非预定路径方式。

1. 预定路径

预定路径方式指在事先规划好的运行路线上设置导向的信息标记, AGV 通过检测出这些信息标记而得到导向的导引方式。

(1)车外连续标记

Ⅰ.电磁导引

电磁导引是目前 AGV 采用最广泛的一种导引方式。它需要在地面上开槽(宽约 51 mm,深约 15 mm),并在槽内布设导引线路,接通低压、低频信号后,会在线路周围产生磁场。AGV 上需安装两个感应线圈,并使其分别位于导引线的两侧。当 AGV 导引轮偏离到导引线右侧时,左侧感应线圈感应到较高电压,以此信号控制导向电动机,使 AGV 的导向轮从偏右位置回到中间位置,从而跟踪预定的导引路径。电磁导引原理如图 7-13 所示。

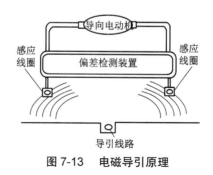

图 7-13　电磁导引原理

Ⅱ. 反射式或磁性式导引

1)反射式导引。这种导引方式是在地面上连续铺设一条由发光材料制成的带子,或者用发光涂料涂抹在规定的运行路线上,再在车辆的底部装设检测反射光的传感器,通过偏差检测装置和转向电动机的配合,来不断调整 AGV 的前进方向,以使 AGV 沿着规定的线路行驶。反射式导引用的反射光带是粘贴在场地表面的,故又称粘附式导向。采用该方式时,路线布置比较容易,但导引过程易受外界光源的干扰。

2)磁性式导向。这种导引方式是在地面上连续铺设一条金属磁带,而在 AGV 上装设磁性传感器以检测磁带的磁场。AGV 通过测定磁场偏差,控制转向电动机来调整 AGV 的行驶方向。采用该方式时,地面系统较为简单,施工也较为方便,且可靠性好,因此得到了普及。

（2）车外间断标志

在标志跟踪方式中,有一种方式被称为视觉导引法,即在所经路径上断续地设置若干导引标志或反射板,AGV 根据这些间断标志自动识别和判断路径。但是有些标志跟踪方式不把标志贴在 AGV 的行走路径上,而是贴在路径对应的天花板上。导引标志除条形码以外,还有圆形、方形、箭头等图形,总之应当是易于识别和处理的图形。

2. 非预定路径

非预定路径是指 AGV 根据要求随意改变行驶路线,它的原理是在 AGV 上存储好作业环境的信息,通过识别车体当前的方位,并与环境信息相对照,自主决定路径。

（1）激光导引

1)光扫描导引,指沿着路径从高处用光束进行扫描,计算机根据光信息准确地检测出 AGV 所在位置。这种导引方法路径变换容易,光扫描方式也较为简单。

2)信标导引,指在路径上或沿着路径设置多个标记,标记本身主动发出信号向 AGV 提供有关位置信息。信标导引方式是从 AGV 所处位置寻找若干个信标,然后根据自身的方向和有关信标的位置信息,利用三角测量原理计算出当前所在位置。这种方法标记设置简单、成本低,精度也非常好。

（2）数字地图导引

数字地图导引是把路径画在数字地图上,作为人与机器的对话式系统,利用中央计算机的指令把路径的设定作为串行数据给出的方法。这种方法对复杂、交叉路径多的路线特别有效,适用于复杂、多类型、多辆AGV的导引控制。

综上,应根据系统的运行环境,确定具体的导引方式。常用的导引方式及其特点见表7-1。在设计导引系统时,应依据工艺流程和运行路径设计结果,计算出导引介质(金属线、磁带、激光反射板、反光材料等)的数量,并确定其布置方法。

表 7-1 常用导引方式及其特点

导引方式	特点
电磁导引	1)由于导引线路埋在地面下方,不易污染和破损,导引原理简单而可靠,便于控制和通信,不受声光干扰,成本较低; 2)整个运行路径不能设置在铁板上; 3)有可能由于地面沉降等原因使导引线路断裂,且断线点的查找与修理都有困难
磁带导引	1)灵活性较好,改变或扩充路径较容易; 2)可以在铁板上导引; 3)施工对地面环境影响较小; 4)受重型车辆、地面油污等的影响小; 5)实施成本较低
激光导引	1)灵活性好,改变或扩充路径较容易,AGV定位精确; 2)地面无须其他定位设施; 3)周围环境若存在强反射物体或大面积遮挡,对导引有较大影响; 4)实施成本较高
光学导引	1)仅需粘贴或涂刷反光带,施工容易; 2)施工对地面环境影响较小; 3)不受地基内钢筋、地面上钢板的影响; 4)附着在反光带表面的灰尘和污物、反射面的损伤、地面上大的凹凸等都会影响导引; 5)实施成本较低

7.3.3 自动导引车的驱动及转向

AGV的行走机构依据车轮的数量分为1轮、2轮、3轮、4轮和多轮机构。

1轮和2轮行走机构在应用中的主要障碍是稳定性问题,实际应用的轮式行走机构多为3轮和4轮机构,分别如图7-14与图7-15所示。

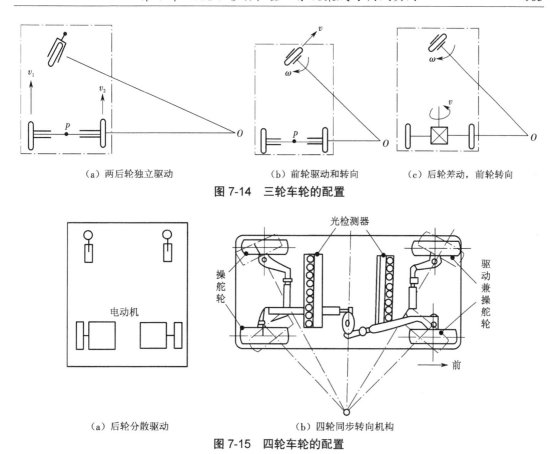

（a）两后轮独立驱动　　　　　　（b）前轮驱动和转向　　　　　（c）后轮差动，前轮转向

图 7-14　三轮车轮的配置

（a）后轮分散驱动　　　　　　　　　　（b）四轮同步转向机构

图 7-15　四轮车轮的配置

常用的驱动及转向模式如图 7-16 所示。

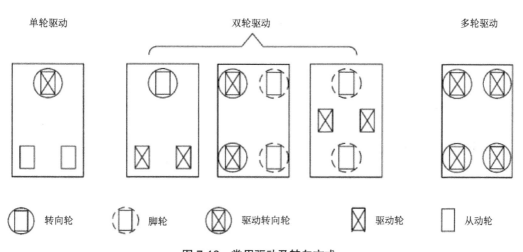

图 7-16　常用驱动及转向方式

设计 AGV 的驱动及转向部件时，应该考虑以下内容。

1）车轮荷重。

2）驱动力。

3)行驶速度。

4)使用环境。

5)转向角速度。

6)制动力。

7.3.4　自动导引车的主要技术参数

1. 额定载重量

额定载重量是 AGV 所能承载货物的最大质量。AGV 的载重范围为 50~20 000 kg,但实际应用中以中、小型 AGV 居多。根据调查,目前使用的 AGV 载重量在 100 kg 以下的占 19%,100~300 kg 的占 22%,300~500 kg 的占 9%,500~1 000 kg 的占 18%,1 000~2 000 kg 的占 21%,2 000~5 000 kg 的占 8%,5 000 kg 以上的仅占 3% 左右。

2. 自重

自重是 AGV 所有系统的总质量。

3. 车体尺寸

车体尺寸是 AGV 的长、宽、高外形尺寸。该尺寸应该与所承载货物的尺寸和通道宽度相适应。

4. 停位精度

停位精度是指 AGV 到达目的地并准备自动移载时所处的实际位置与程序指定位置的偏差值。这是确定移载方式的主要依据,不同的移载方式要求不同的停位精度。

5. 最小转弯半径

最小转弯半径是 AGV 在空载低速行驶、偏转程度最大时,瞬时转向中心到 AGV 纵向中心线的距离。它是确定 AGV 弯道运行所需要的空间的重要参数。

6. 运行速度

运行速度是 AGV 在额定载重量下行驶时,所能达到的最大速度。它是确定 AGV 作业周期和搬运效率的重要参数。

7. 工作周期

工作周期是 AGV 作业完一次工作循环所需要的时间。

AGV 在进行正常搬运时,从在待命点接收指令开始,完成通信、行驶、装载、卸载,再回到待命点,所用的时间称为 AGV 的工作周期,其表达式为

$$T = T_1 + T_2 + T_3$$

式中　T——工作周期,s;

　　　T_1——行驶时间,s;

　　　T_2——通信时间,s;

　　　T_3——移载时间(包括移载通信时间),s。

7.3.5　自动导引车应用示例——FESTO 自动导引车系统(Robotino)

1. FESTO 自动导引车系统(Robotino)介绍

Robotino 的驱动系统是一个万向驱动器,它由 3 个 Robotino 驱动模块组成。这些模块被集成在牢固的、由激光焊接成的不锈钢底座中。Robotino 采用万向驱动器,可以按任意方向快速前进、后退、侧移,还能原地转动。3 台可靠的工业直流电机配合光学旋转编码器可以为 Robotino 提供 10 km/h 的运行速度。Robotino 的外形如图 7-17 所示。

图 7-17　FESTO 自动导引车系统(Robotino)

Robotino 的"大脑"是一台符合 COM Express 规范的嵌入式计算机。因而,系统的运算能力可以扩展。在 Robotino 的 2 个标准版本中,一个使用 2.4 GHz Intel 酷睿 i5 处理器,另一个使用 1.8 GHz Intel 凌动处理器。嵌入式计算机可随时更换,操作系统和所有用户数据都存储在一块容量为 64 GB(或 32 GB)的固态硬盘上。电动机控制由 32 位微控制器负责,该微控制器可以直接产生控制直流电机(最多 4 台)的 PWM 信号。系统使用现场可编辑门阵列(Field-Programmable Gate Array, FPGA)读取编码器内的电动机数值。这样像定位数据和与传感器相关的额外修正数据就可以直接在微控制器里面进行计算。

每个电机动和驱动轮之间都有一个齿轮减速器,减速比为 32∶1,如图 7-18 所示。

图 7-18　齿轮减速器

Robotino 由 2 块 12 V 防溢流可充电铅酸蓄电池供电,可持续工作 4 h。如果电量过低,系统会自动关闭。系统有充电装置和悬置支架,这意味着 Robotino 在充电时,也能对其进行试验或控制程序的开发。

Robotino 有 2 个扩展卡槽用以安装扩展卡来支持独立的应用;有 6 个 USB 2.0 接口,可以连接摄像头、无线路由器等配件;有 1 个数字量和模拟量端口,用以连接执行件和传感器。Robotino 提供 4 个电机/编码器接口,除了驱动机构占用的 3 个以外,还空余 1 个用来连接附加的电机和编码器。如果需要直接访问 Robotino 的操作系统,可以给 Robotino 连接显示器、鼠标和键盘。也可以通过以太网访问 Robotino,连接前需要修改所用计算机的网络地址(IP),并确保其和 Robotino 的网口的网络地址在同一网段。连接无线路由器之后,Robotino 可以生成无线网络,用户可以通过手机或计算机对其进行访问。Robotino 的各种接口如图 7-19 所示。

图 7-19　Robotino 的各种接口

Robotino 的技术参数如下。

1)直径:450 mm。

2)高度:290 mm(无塔台)。

3)最大负载:30 kg。

4)自重:22 kg。

5)最大速度:10 km/h。

6)续航时间:4 h。

2. Robotino 传感检测系统

Robotino 的底盘上有 9 个距离传感器、1 个模拟量电感式传感器和 2 个光学传感器等。这些传感器可以辅助 Robotino 识别和跟踪预设路径。此外,Robotino 配备了 1080P 全高清彩色摄像头,分辨率为 1920 px×1080 px。

(1)碰撞传感器

碰撞传感器采用压力传感器,通过双针接头连接在控制单元的电路板上。当 Robotino 发生碰撞时,检测系统停止程序的运行。

（2）距离传感器

距离传感器可以根据 Robotino 与障碍物的距离，输出不同的电压，从而使得 Robotino 可以测得与周围障碍物的距离。其测量距离为 2~40 cm。9 个距离传感器均匀分布在 Robotino 的下部，每 3 个一组通过 10 芯线缆连接于电路板上。距离传感器的输出特征曲线如图 7-20 所示。

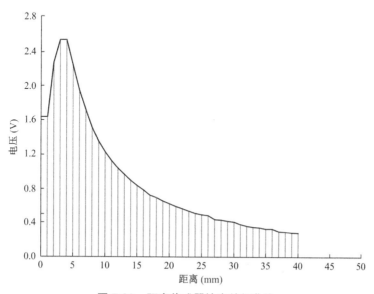

图 7-20　距离传感器输出特征曲线

（3）陀螺仪

Robotino 内置一个陀螺仪，以提高 Robotino 的定位精度，如图 7-21 所示。陀螺仪固定在机体上，并连接到控制单元的电路板上。一旦操作系统检测到陀螺仪的存在，陀螺仪的信号就被用于纠正 Robotino 的位置，无须另外编程。陀螺仪的数据输出速率为 8 000 Hz。

图 7-21　陀螺仪

（4）摄像头

Robotino 可以通过摄像头获取活动图像，并通过图像分析辅助导航和避障。摄像头通过螺钉固定在 Robotino 上,通过 USB 接口与控制单元连接。Robotino 的摄像头的技术参数如下。

1)型号:Logitech® HD Pro C920。

2)像素数:1.5×10^7。

3)视频格式:1080P 全高清。

4)音频设备:双声道立体声麦克风。

(5)光电传感器

光电传感器集发射器和接收器于一体,内置保护电路和 LED。发射器发出一束可调制的不可见红外光,当被测物体经过光束时,光线被物体表面反射并由接收器接收,传感器的输出端便有电信号输出。光电传感器的检测距离取决于被测物体的表面反射率,如图 7-22 所示。

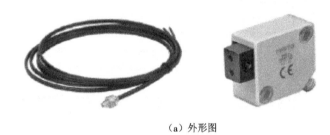

(a) 外形图

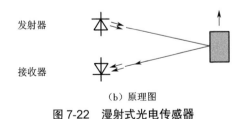

发射器

接收器

(b) 原理图

图 7-22　漫射式光电传感器

光电传感器的技术参数如下。

1)额定开关距离:30 mm。

2)电源:直流 24 V。

3)开关输出:PNP,常开 / 常闭触点。

4)连接电缆:4 芯。

5)测量范围:0~120 mm。

(6)电感传感器

电感传感器用于检测地板上的金属物,以辅助 Robotino 识别和跟踪预设路径。电感传感器固定在 Robotino 的底面上,通过 4 芯线缆连接在控制平台的 I/O 端口上。电感传感器的安装位置及接口如图 7-23 所示。

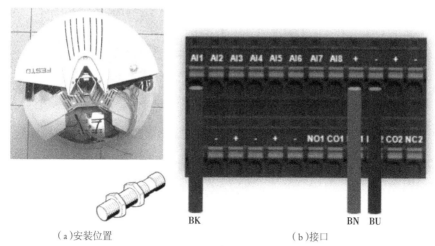

（a）安装位置　　　　　　　　　　（b）接口

图 7-23　电感传感器

3. Robotino 运动原理

Robotino 的行驶系统由 3 个均匀分布在同一圆周上的全向轮组成，3 个全向轮的轴线指向同一圆心，轴线之间夹角为 120°。全向轮的外形像一个直齿轮，"轮齿"是一个能够转动的鼓形滚子，滚子的轴线与轮子的轴线垂直，滚子的轮廓线组成轮子的包络线，这样的特殊结构使轮体具备 3 个自由度：绕轮轴的转动、沿滚子轴线垂直方向的平动、沿与地面接触滚子轴线方向的平动。这样，驱动轮在一个方向上具有主动驱动能力的同时，在另外一个方向上也有自由移动的特性。

如图 7-24 所示，轮子所受合力 F 与轮子滚动方向 v_x 的夹角为 θ，轮子的运动方向为所受合力的方向，合速度 V 可以分解为轮子的线速度 v_x 和滚子的线速度 v_y，可以得到如下关系式：

$$v_x = v\cos\theta$$

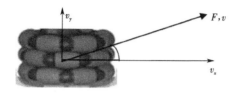

图 7-24　轮子受力图

规定驱动电动机的逆时针转动方向为正（从里往外看），Robotino 的自身坐标系如图 7-25 所示。若要使 Robotino 向 x 正前方移动，即 3 个轮子的合速度相同，由之前的公式可得 $-v_1 = v_3 = v_x$，$v_2 = 0$（v_1、v_2、v_3 为轮子的滚动线速度，速度的正反向与电动机转向对应，V_x 为 Robotino 在 x 方向的速度）。此时，M_1、M_3 转速相等、方向相反，M_1 反转，M_3 正转，而 M_2 转速为 0。

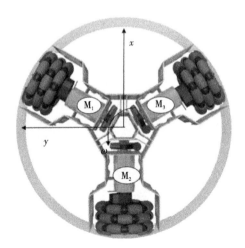

图 7-25　Robotino 坐标系

若要使 Robotino 向 y 正方向移动，同理可得 $2v_1=2v_3=-v_2=v_y$。此时，M_1、M_3 转速相同、方向均为正；M_2 转速为 M_1 的二分之一，方向为负。若要使 Robotino 原地自转（正方向），3 个轮子都没有侧移速度，即 3 个轮子的滚子速度为 0，轮子的合速度时刻等于轮子线速度，容易得到 3 个电动机均正转，且转速相等。

由于速度的可合成性，Robotino 可以向任意方向移动，也可以原地自转。速度的合成表现在电动机上就是电动机速度叠加。因此，可以得到 Robotino 向任意方向移动或转动时所需要的电动机速度。反之，当设定了 3 个电动机的速度和方向之后，就可以计算出 Robotino 的速度和方向。上述这种关系是一一对应的，或者说是唯一的。

4. Robotino 的定位

Robotino 的 3 个电动机上都各自安装了增量式编码器，能够记录电动机转动的圈数。编码器的输出值用 e 表示，电动机转速为 n，设电动机转动圈数和编码器输出值的比例系数为 m，则 $e=mnt$。

5. Robotino 编程

Robotino 采用图形编程环境，操作系统环境为 Windows XP、Vista、Windows 7/8 等。使用应用程序接口（Application Programming Interface，API），可以支持使用 C/C++、JAVA、.Net、LabVIEW、MATLAB/Simulink、ROS 和 Microsoft Robotics，Developer Studio 等软件进行编程。Robotino 自带的编程环境是 Robotino® View，它是一种交互式图形编程和教学环境，功能指令全都图形化，在整个程序编写过程中不需要写一句代码，其界面如图 7-26 所示。

在 Robotino® View 中，软硬件信号交换功能块库包含 Drive system 模块、Collision 模块、Image system 模块、I/O 连接模块、位置驱动模块、I/O 外扩模块、内部传感器模块等；数据处理功能块库包含信号发生模块、滤波功能块、逻辑指令功能块、数学运算指令功能块、向量功能块、图像处理功能块。

下面以三辆 AGV 顺次移动并点亮小车上方的三色灯的任务为例，展示 Robotino 的编程过程,如图 7-27 所示。

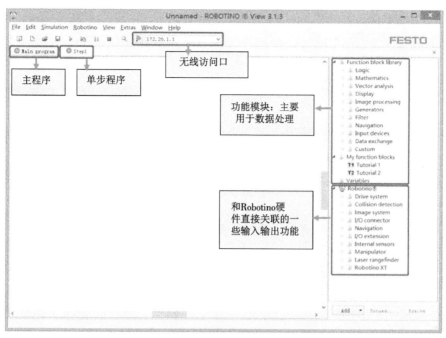

图 7-26　Robotino 自带的编程环境

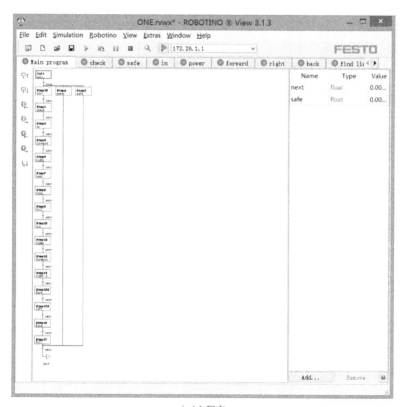

（a）主程序

图 7-27　案例程序

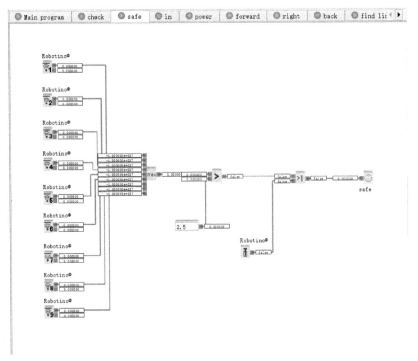

(b)safe 子程序

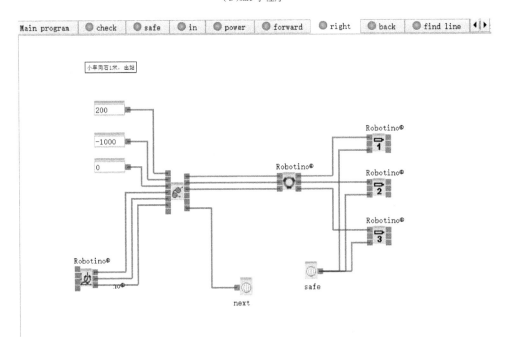

(c)向右前进子程序

图 7-27　案例程序(续)

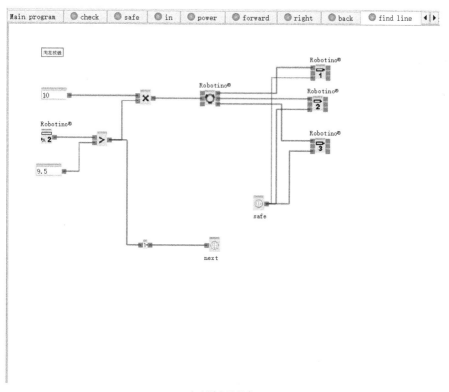

（d）循迹子程序

图 7-27　案例程序（续）

习题及思考题

1）简述移动机器人的系统架构。

2）简述移动机器人导航技术的未来发展趋势。

3）简述移动机器人不同驱动方式的适用环境。

第8章　智能仓储系统集成与调试实例

8.1　智能仓储系统定义及特点

　　智能仓储系统是利用立体仓库设备实现仓库高层合理化、存取自动化、操作简便化的智能存取系统。以智能立体仓库为例，其是当前物流行业中技术水平较高的智能仓储系统，其主体主要由货架、巷道堆垛起重机、出(入)库工作台、自动运进(出)系统及操作控制系统组成，如图8-1所示。货架是钢结构或钢筋混凝土结构的建筑物或结构体，货架内是标准尺寸的货位空间；巷道堆垛起重机穿行于货架之间的巷道中，完成存、取货的工作。在管理上，智能立体仓库采用计算机及条形码技术。

图 8-1　智能立体仓库

　　采用智能仓储系统有如下优点。
　　1)节约仓库占地面积，实现了仓库空间的充分利用。例如，智能立体仓库采用拼装的大型仓储货架，再加上自动化管理技术，使货物便于查找，因此智能立体仓库比传统仓库的占地面积小、空间利用率大。在发达国家，空间利用率已经成为系统合理性和先进性的重要考核指标。在提倡节能环保的今天，智能立体仓库在节约土地资源上有着很好的效果，必将成为未来仓储发展的一大趋势。
　　2)智能化管理提高了仓库的管理水平。智能立体仓库采用计算机对货品信息进行管理，减少了在存储货物中可能出现的差错，提高了工作效率。同时，智能立体仓库在入库、出库的货品运送中实现了机动化，搬运工作安全可靠，降低了货品的破损率，还能通过特殊设计使一些对环境有特殊要求的货品(如有毒、易爆货品)能有很好的保存环境，也杜绝了人在搬运货品时受到伤害的可能。

3）智能立体仓库可以形成先进的生产链,促进生产力的进步。专业人士指出,由于智能立体仓库的存取效率高,因此可以有效地连接仓库外的生产环节,可以在存储中形成自动化的物流系统,从而形成有计划、有编排的生产链,使生产能力得到了大幅度的提升。

8.2　智能仓储系统组成

智能仓储系统的主要组成如下。

1）货架,用于存储货物的钢结构,主要有焊接式货架和组合式货架两种。

2）托盘（货箱）,用于承载货物的器具,亦称工位器具。

3）巷道堆垛机,用于自动存取货物的设备。其按结构形式,分为单立柱式和双立柱式两种；按服务方式,分为直道式、弯道式和转移车式三种。

4）输送机系统,仓库的主要外围设备,负责将货物运送到堆垛机或从堆垛机上将货物移走。输送机的种类非常多,常见的有辊道输送机、链条输送机、升降台、分配车、提升机、皮带机等。

5）AGV 系统。根据其导向方式,分为感应式 AGV 和激光导向 AGV。

6）自动控制系统,驱动智能立体仓库各设备的自动控制系统。它主要采用现场总线控制模式。

7）储存信息管理系统,亦称中央计算机管理系统。它是智能立体仓库系统的核心。典型的智能立体仓库均采用大型的数据库系统（如 ORACLE,SYBASE 等）构筑典型的客户机 / 服务器体系,可以与其他管理系统联网或集成。

8.2.1　货　架

货架设计是智能立体仓库设计的一项重要内容,它直接影响到仓库面积和空间利用率。

1. 货架形式

货架的形式有很多,而用在智能立体仓库的货架一般有横梁式货架、牛腿式货架、流动式货架等。设计时,可根据货物单元的外形尺寸、质量及其他相关因素来合理选取。

2. 货格的尺寸

货格的尺寸取决于货物单元与货架立柱、横梁（牛腿）之间的间隙大小。同时,其在一定程度上也受货架结构形式及其他因素的影响。

8.2.2　堆　垛　机

堆垛机是整个智能立体仓库的核心设备,通过手动操作、半自动操作或全自动操作,它把货物从一处搬运到另一处。堆垛机由机架（上横梁、下横梁、立柱）、水平行走机构、提升机构、载货台、货叉及电气控制系统组成。

1. 堆垛机形式的确定

堆垛机形式多样,包括单轨巷道式堆垛机、双轨巷道式堆垛机、转巷道式堆垛机、单立柱式堆垛机、双立柱式堆垛机等,如图 8-2 所示。

(a)单立柱式　　　　(b)双立柱式

图 8-2　堆垛机

2. 堆垛机速度的确定

根据仓库的流量要求,计算出堆垛机的水平速度、提升速度及货叉速度。

3. 其他参数及配置

根据仓库现场情况及用户的要求,选定堆垛机的定位方式、通信方式等。堆垛机的配置可高可低,视具体情况而定。

8.2.3　输送系统

根据物流图,合理选择输送系统的类型,包括辊道输送机、链条输送机、皮带输送机、升降移载机、提升机等。同时,还要根据仓库的瞬时流量,合理确定输送系统的速度。辊道输送机如图 8-3 所示。

图 8-3　辊道输送机

8.2.4　其他设备

根据仓库的工艺流程及用户的特殊需求,可适当增加一些辅助设备,包括手持终端、叉车、平衡吊等。

8.3 智能仓储系统应用领域

随着经济全球化步伐的加快,物流供应链中蕴藏的巨大潜力越来越引起人们的注意,而物流中心则是物流供应链中的重要枢纽之一。它是接收并处理下游用户的订货信息,对上游供应方的大批量货物进行集中储存、加工等作业,并向下游进行批量转运的设施和机构。智能立体仓库在中国的物流供应链中应用非常广泛。

8.3.1 工业生产领域

1. 医药生产业

医药生产是最早应用智能立体仓库的领域之一,1993 年广州羊城制药厂建成了中国最早的医药生产用自动化立体仓库。此后,吉林敖东、东北制药、扬子江制药、石家庄制药、上药集团等数十个企业成功应用智能立体仓库。

2. 汽车制造业

汽车制造是中国最早应用智能立体仓库的领域之一。目前,中国主要汽车制造企业几乎无一例外地都应用了智能立体仓库。

3. 机械制造业

机械制造也是广泛应用智能立体仓库的领域之一。

4. 电子制造业

联想集团在 2000 年后开始采用智能立体仓库系统。

5. 烟草制造业

烟草制造业是中国采用智能立体仓库最普遍的行业,而且其大量采用进口设备。

8.3.2 物流领域

1. 烟草配送

烟草配送领域广泛采用智能立体仓库系统。

2. 医药配送

为了获得产品供应规范认证,大量的智能立体仓库被应用到我国医药流通领域。

3. 机场货运

机场货运是较早采用智能立体仓库的领域。目前,中国各主要机场均采用智能立体仓库系统,用于行李处理。

4. 地铁

随着中国地铁建设的蓬勃兴起,智能立体仓库应用也大面积展开。

8.3.3 其他领域

服装领域应用智能立体仓库是最近几年的事情;酿酒企业应用智能立化仓库的热情很

高,如洋河酒厂、牛栏山酒厂等;蒙牛、伊利等乳制品企业也大量应用智能立体仓库;化工行业是最早应用智能立体仓库的行业之一;印刷、出版、图书行业也是广泛应用智能立体仓库的行业。

习题与思考题

1)简述智能仓储系统的关键技术。

2)简述立体货架的内部输送形式。

3)简述堆垛机的结构形式及适用场合。

附录 A 电控技术英语缩略语

缩略语	全称	备注
CR	Control Relay	Electrical device used for controlling power applications
E-Stop	Emergency Stop	Emergency stop switch, which halts all machine movement and communications
EOT	End of Travel	Sensor used to monitor the position of a conveyor component
Fuji communi-cations	—	This communications standard is opposite the SMEMA standard. "Communications circuit open" is interpreted as signal received. "Communications circuit closed" is interpreted as no signal sent
LED	Light Emitting Diode	Low-wattage light, used to indicate that a circuit has received power
M (#)	Motor (number)	Designates a particular motor used to drive a machine component
MA	Motor Adjustable	Designates that a motor is mounted to the machine's adjustable rail
MF	Motor Fixed	Designates that a motor is mounted to the machine's fixed rail
Next	—	This term refers to the machine located downstream from the currently referenced conveyor
NR2R	Next Ready to Receive	A PLC input, which indicates that the downstream machine is ready to receive a board from the referenced conveyor
PCB	Printed Circuit Board	A printed circuit board being processed through the equipment
PE	Photo Eye	A photoelectric, non-contact sensor used to detect the movement of a board, magazine, or other machine component
PLC	Programmable Logic Controller	A specialized, programmable device used to control manufacturing processes. The PLC consists of a central processing unit, input module(s), and output module(s), and a power supply
PR2S	Previous Ready to Send	A PLC input which indicates that the upstream machine is ready to send a board to the referenced conveyor
Previous	—	This term refers to the machine upstream from the referenced conveyor
PROX	Proximity Sensor	A non-contact electric sensor used to detect the movement of a metallic machine component
R2RFP	Ready to Receive from Previous	This is a PLC output that is send to the previous or upstream machine, which indicates that the referenced conveyor is ready to accept a board
R2S2N	Ready to Send to Next	This is a PLC output that is send to the next or downstream machine, which indicates that the referenced conveyor is ready to send a board
SMEMA	Surface Mount	This communication standard is available on all
Communications	Equipment Manufac-turers Association	Conveyor Technologies equipment Communications circuit open is interpreted as no signal sent. Communications circuit closed is interpreted as signal received
SV	Solenoid Valve	An electrically-controlled valve used to direct air flow through a pneumatic manifold

附录 B　机电专业英语词汇

序号	英文名	中文名	备注
1	address	地址	用来识别数据或程序指令在内存所处位置的一个数字,也用于识别一个网络或单元在网络中的位置
2	allocation	地址分配	计算机把内存中一定的位的字划分为各种功能的过程,也包括将I/O位与单元中的I/O点对应
3	analog	模拟量	表示或能够处理数值的连续范围的某种量值,与之相反的是以确定的增量来表示,以确定的增量表示或能够处理的值称为数字量
4	analog I/O unit	模拟量I/O单元	能够完成模拟量和数字量之间转换工作的I/O单元;模拟量输入单元将模拟量转换为计算机能够处理的数字量;模拟量输出单元将一个数字量转换为一个模拟量输出
5	AND	逻辑"与"	一种逻辑运算,只有在两个前提都是"真"的时候,结果才是"真",在梯形图编程中,前提通常是位的开、关状态,或称为实施条件状态的逻辑组合
6	AR area	AR区	分配给标志、控制位和工作位的一个计算机数据区
7	area	区	如数据区和内存区
8	area prefix	区前缀	用于标明计算机中一个内存区的一个或两个字母前缀,除CIO区以外,所有内存区都需要前缀来标明在内存中的地址
9	ASCII	ASCII	美国信息交换标准代码(American Standard Code for Information Interchange)的缩写,ASCII是向打印机和其他外围器件输出字符时的编码
10	ASCII unit	ASCII单元	专用I/O单元,ASCII单元有自己的CPU和16 KB内存,该单元能在计算机和任何其他用ASCII代码的器件之间通信,它可用BASIC语言编码
11	asynchronous execution	异步执行	程序和服务操作的执行,执行期间彼此不同步
12	auto-decrement	自动递减	当通过变地址寄存器作为内存寻址时,使用这一过程,在每次使用之前寄存器中的地址自动减1
13	auto-increment	自动递增	当通过变地址寄存器作为内存寻址时,使用这一过程,在每次使用之前寄存器中的地址自动加1
14	auxiliary area	辅助区	分配给标志和控制位的一个计算机数据区
15	auxiliary bit	辅助位	在辅助区中的位
16	back-up	备份	从现存数据得到一个拷贝,保证在原始数据损坏或清除时不会失去数据
17	backplane	底板	用于安插单元形成一个机架的基本板,底板上提供一系列插座,供单元插入,通过总线将这些单元与CPU和其他单元连接,其用线接到供电单位,底板上还提供与其他底板连接的插座
18	bank	存储段	一个数据储存区和多个段中的某一个段
19	BASIC	基本指令	用于梯形图的一个基本指令
20	basic rack	基本机架	指CPU机架、扩展CPU机架或扩展I/O机架

续表

序号	英文名	中文名	备注
21	BASIC unit	BASIC 单元	用于运行 BASIC 程序的一个 CPU 总线单元
22	baud rate	波特率	在一个系统内两个器件间数据传输速度的计量单位(Bit)
23	BCD 计算	BCD 计算	用二 – 十进制表示数字的算术运算
24	binary	二进制	所有数以 2 为基数表示的数字系统,数仅用 0 和 1 来书写,每四个二进制数等于一个十六进制数,为了方便,在存储器中的二进制数经常用十六进制数表示
25	binary calculation	二进制计算	用二进制数表示的运算
26	binary-coded decimal(BCD)	二 – 十进制	一种数字表示系统,每四个二进制数等于一个十进制数
27	bit	位	计算机中常用来表示信息的单位,一个位有 0 和 1 两个值,对应于电信号的 ON 和 OFF。一个位表示一个二进制数,有些位在可编程中使用,有些特别寻址的位分配给一些特殊用途,如来自外部器件的输入状态的保持
28	bit address	位地址	在内存中一个位的信息所存储的地方,一个位地址要标明数据区和字的地址以及这个位在字中所处位置的编号
29	bit number	位编号	表明位在一个字中所处位置的数字,如 bit 00 是最右面一位(最低位),bit 15 是最左边一位(最高位)
30	bit-control instruction	位控制指令	用于控制某个特定的位的状态的指令,与它相对的是控制整个字的状态的指令
31	block	块	如逻辑块和指令块
32	block comment	块注解	写在梯形图中,为用户提供关于一个指令块的信息的注解
33	bock instruction	块指令	在梯形图编程中使用的一个专用的指令等级,它允许使用在梯形图中很难编写的类似于流程图的代码
34	block program	块程序	写在一个梯形图中以一块指令为基础的一部分程序,块程序也包括一些梯形图指令,但不会全是梯形图指令
35	broadcast	广播	同时向一个单网络中所有节点发送信息的过程,它用于测试网络通信
36	buffer	缓冲器	在计算机中暂存数据的地方
37	bus	总线	在任何与之连接的单元之间用于传送数据的通路
38	bus bar	母线	梯形图左边的起始线(有时在梯形图的右边),指令的执行沿这条线逐条向下,它是所有指令行的起始点
39	bus link	总线连接	在跨总线的两个单元之间传送数据的数据线
40	byte	字节	数据单元,相当于 8 bit,也就是半个字
41	C-mode	C 模式	可在 C 系列或 CV 系列 PC 中使用的通信形式,见 CV 模式
42	C-series PC	C 系列计算机	下列计算机中的任何一种:C2000H、C1000H、C500、C200HS、C200H、CQM1、C40H、C28H、C60K、C40K、C40P、C28K、C20K、C28P、C20P、C120 和 C20
43	centronics interface	并行接口	将并行接口器件(如打印机与计算机)连接的电缆插头的一种物理设计形式
44	channel	通道	指各种通道,如模拟通道、信号通道、输入通道
45	character code	字符代码	用于表示一个数字字符的数字代码(通常为二进制)

序号	英文名	中文名	备注
46	checksum	校验和	在一个通信数据块中，所传输数据的总和，由接收数据可重新计算一个校验和，由此可以校验数据在传输过程中是否出错
47	CIO area	CIO 区	一个用于控制 I/O、存储和管理数据的内存区，CIO 区的寻址不需要加前缀
48	clear	清除	将一个位或一个信号转变为 off 的过程
49	clock pulse	时钟脉冲	在内存指定位所激活的一个脉冲，可用于定时操作，各种时钟脉冲的脉冲宽度不同，因此频率不同
50	common（link）parameter table	公共（连接）参数表	在 Sysmac Link 系统中的一种设置表格，它标明了在 Sysmac Link 系统中为计算机的数据链接所用的数据字，见刷新参数表 refresh parameter table
51	common data	公共数据	储存在一台计算机内存中的数据，这些数据为同一系统中其他计算机分享，同时与其他计算机相同，每台计算机在这个区域中分得一个指定的部分，每台计算机将信息写入分配给它的区域，并从分配给其他计算机的区域中读数据，从而分享公共数据
52	comparison instruction	比较指令	用于比较内存中不同位置的信息，以确定这些数据之间的相对关系
53	compietion flag	完成标志	用于定时器和计数器的一个标志位，在定时器计时到达或计数器达到设定值时转为 ON
54	condition	条件	在指令行中的一个符号，表示控制终端指令执行条件的一条指令，每个条件分配到内存中的一个位，这个位决定了它的状态。这个位的状态会赋值给每个条件，它决定了下一个执行条件，条件对应于 LOAD 或 LOAD NOT，AND 或 AND NOT，OR 或 OR NOT 指令
55	count pulse	计数脉冲	给一个计数器计数的信号
56	counter	计数器	在内存中用于计数一个指定过程发生次数的一组专用数或字，或在内存中可以通过 TC 位存取的内存单元，用于记录一个位或一个执行条件从 OFF 转为 ON 的变化次数
57	CPU backplane	CPU 底板	用于组装一个 CPU 机架的底板
58	cross-reference	交叉表	在程序中搜索一个指定的数据位或数据字的使用位置，以表明它的使用情况的一种操作，它用于程序修改和调试
59	CTS	—	clean-to-send 的缩写，电子器件间通信时使用的一个信号，表示接收端已准备好接收数据
60	custom data area	用户数据区	在 CIO 区内由用户定义的一个数据区，由 CVSS 和其他适当的编程器件都能设置用户数据区
61	custom settings	客户设置	用于修改计算机操作某些方面的设置，如赋予数据区定义或指令的功能代码
62	CV support software	CV 支持软件	用于 CV 系列计算机编程服务，是在 IBM PC/AT 机或兼容机上运行的编程软件包
63	CV mode	CV 模式	仅用于 CV 系列计算机的一种通信模式，见 C-mode
64	CV-series PC	CV 系列计算机	下列计算机中的任何一种：CV500、CV1000、CV2000 和 CVM1
65	CVSS	—	见 CV support software

续表

序号	英文名	中文名	备注
66	cycle	循环	由 CPU 完成的一个工作单元,包括执行 SFC 梯形图程序、外围设备服务、I/O 刷新等,在 C 系列计算机中循环被称为扫描(scan)
67	cyclic interrupt	周期中断	用于设置循环中断时间
68	data area	数据区	在计算机内存中保存指定类型数据的区域
69	data area boundary	数据区边页	在数据区中的最高地址,当指定下一个多字操作数时,必须确定它没有超过数据区的最高地址
70	data disk	数据盘	用于储存用户数据的磁盘
71	data length	数据长度	在数据通信中,作为一个单元处理的传输数据位数
72	data link	数据链接	一种自动的数据传输操作,使计算机或计算机内的单元能经过公共数据区交换数据
73	data link area	数据链接区	一个通过数据链接建立的公共数据区
74	data link table	数据链接表	一张保存在内存中的设置表,它标明哪些数据字是所有已连接的计算机中与某一台相关的数据链接
75	data register	数据寄存器	在内存中用于保存数据的存储单元,在 CV 系列计算机中,数据寄存器可随地址寄存器或不随地址寄存器一起使用,常用于在间接寻址时保持数据
76	data sharing	数据共享	在 Sysmac Link 系统和 Sysmac Net Link 系统中的一种安排,它在两台或多台计算机之间生成公共数据区或公共数据字
77	data trace	数据跟踪	在程序执行过程中指定内存位置的所存内容改变时,都要被记录下来
78	data transfer	数据传送	在同一器件中,或在同一通信线或网络连接的不同器件中,将数据从一个存储位置搬到另一位置的过程
79	debug	调试	使编写的程序草稿修改至达到预期要求的过程,调整包括消除语法错误,也包括时间或控制条件协调的精确调整
80	debug mode	调试模式	一种计算机运行方式,用于调试用户程序
81	decimal	十进制	一种以 10 为基数的数字表示系统,在计算机中所有数据最后都以二进制形式储存,通常用四位二进制数表示一个十进制数称为 BCD 表示法
82	decrement	递减	递减一个值,通常为减 1
83	default	缺省	当用户不特别设置某一值时,计算机自动设置一个值,许多器件都是在上电时执行缺省条件
84	difiner	定义符	一个用作指令的操作数的数字,但是这个数字是定义指令本身,而不是这条指令要操作的对象,如跳转编号、子程序编号等
85	delimiter	定页符	在器件之间通信时发出的一个代码,它指示当前传送的终点,但并不是整个传送的终点
86	destination	目的	一条指令操作后的操作数存放的单元,而从单元中取出操作数供指令用的则叫源
87	differentiated instruction	微分指令	在执行条件由 OFF 到 ON 时仅仅执行一次的指令,而非微分指令,只要执行条件是 ON 时,每次扫描都执行
88	diffrntiation instruction	微分法指令	用于保证操作数位在上升沿指令执行条件由 OFF 到 ON 时转换,或下降沿指令执行条件由 ON 到 OFF 时接通,从不超过一个扫描周期
89	digit	数	在内存中由四个位组成的一个存储单元

序号	英文名	中文名	备注
90	digit designator	数字标识符	一个操作数，用于定义一条指令所使用的一个字长的数或数字
91	DIP switch	DIP 开关	以双列封装，安装在线路板上组成一个信号阵列，用于设置工作参数的开关组
92	DM area	DM 区	仅用于保持以字为单元信息的数据区，在 DM 区中的字不能逐位存取
93	DM word	DM 字	在 DM 区中的一个字
94	downloading	下载	从高一级向低一级或主、从计算机间传送程序或数据的过程，如果其中有编程器件，则将编程器件看作上位机
95	DR	数据寄存器	见 data register
96	dummy I/O unit	空 I/O 单元	一个插在机架的一个槽中没有任何功能，但能占用字的分配的 I/O 单元。空 I/O 单元能用来预留将来要使用的 I/O 单元地址
97	duplex	双向	同时、独立、双向、双路传输
98	echo test	回声测试	在通信网络两个节点之间通过发送 FINS 命令实施的测试，通常用于测试通信是否正常
99	EEPROM	电可擦可编程只读存储器	一种 ROM，内部储存的信息可以擦除和重新编程，只要使用连接到 EEPROM 芯片引脚上的专门控制线，不必将 EEPROM 拔下就可擦除和重新编程
100	EM area	EM 区	扩展数据存储区，它可作为选件增加到某些计算机中以扩大数据存储容量。功能上 EM 区与 DM 区相似，区的地址冠以 E 为前缀，也只能以字为单位操作，EM 可分为多个段
101	EM card	EM 卡	安装在某些计算机内部的用于 EM 增加 EM 区的插卡
102	EPROM	电可编程只读存储器	一种 ROM，内部存储的数据可通过紫外线或其他方法擦除，并可重新编程
103	EPROM chip	EPROM 芯片	指 EPROM 芯片，其端部有一个小缺口，指示芯片的插入方向
104	error code	错误代码	所产生的数码用于指示出现了一个错误和关于错误性质的一些提示，某些错误代码由系统发出，某些是由操作人员在程序中定义的
105	error log area	错误登录区	系统 DM 中的一个区域，用于登录在系统中发生的错误，指示错误发生的时间和性质
106	even parity	偶校验	一种通信设置，它调整 ON 位的数目，使它始终是偶数，见 "parity"
107	event processing	事件处理	在响应一个事件即一个中断信号时进行处理
108	exclusive NOR	异或非	一种逻辑运算，它在两个前提均为真或均为假时，结果是真。在梯形图编程时，前提通常是位的 ON/OFF 状态，或者是这些状态的组合，称为执行条件
109	exclusive OR	异或	一种逻辑运算，如果一个前提为真，而且仅仅是一个前提为真时，结果为真。在梯形图编程时，前提通常是位的 ON/OFF 状态，或者是这些状态的组合，称为执行条件
110	execution condition	执行条件	ON 或 OFF 状态，根据这个状态决定指令是否执行，执行条件是由同一指令中条件的逻辑组合来决定的，并覆盖当前正在执行的指令
111	execution cycle	执行周期	CPU 做所有事情的周期，包括执行程序、I/O 刷新、外围服务等
112	execution time	执行时间	CPU 执行某一条指令或整个程序所需的时间

序号	英文名	中文名	备注
113	expansion CPU rack	扩展 CPU 机架	连接在 CPU 机架上增加 CPU 机架虚拟尺寸的一个机架,准备插到 CPU 机架的单元都可以插到 CPU 扩展机架上
114	expansion data memory unit	扩展 DM 单元	安装在一个计算机内部,用于增加 EM 区的一个插卡
115	expansion I/O rack	I/O 扩展机架	用于增加计算机 I/O 容量的一个机架,在 CV 系列计算机中,CPU 机架或扩展 CPU 机架可以直接连接一个 I/O 扩展机架,使用一个 I/O 控制单元和 I/O 接口单元可以连接多个 I/O 扩展机架
116	extended counter	扩展的计数器	正确使用两条或多条计数指令,可在程序中生成一个计数器,该计数器的计数能力高于任何单指令提供的标准计数器
117	extended timer	扩展的定时器	正确使用两条或多条定时指令,可在程序中生成一个定时器,该定时器的时间范围长于任何单指令提供的标准定时器
118	FA	工厂自动化	Factory Automation 的缩写
119	factory computer	工业计算机	一种通用计算机,通常与事务处理计算机非常相似,但用于工厂自动控制
120	FAL error	FAL 错误	由于在用户程序中执行了 FAL(006)指令而产生的错误
121	FALS error	FALS 错误	由于在用户程序中执行了 FALS(007)指令而产生的或由系统产生的错误
122	FAT	文件分配表	软盘或硬盘的一个区,包括盘上文件的位置信息的区域
123	fatal error	致命的错误	致使计算机停止运行,并且要排除才能继续运行的错误
124	FCS	帧校验序列	见 frame checksum
125	file directory	文件目录	在软盘或硬盘上的文件清单
126	filename extension	文件扩展名	文件名称在圆点后的部分。文件扩展名不能多于三个字符,通常用于指示文件的类型,如 BAS 表示包含 BASIC 程序
127	FINS	工厂接口网络服务	Factory Interface Network Service 的缩写
128	flag	标志	在内存中的一个专用位,由系统设置,以指示某种类型的运行状态
129	force reset	强制复位	通过编程器将一个位强制复位(OFF)的过程,通常一个位的复位是程序执行的结果
130	force set	强制置位	通过编程器将一个位强制置位(ON)的过程,通常一个位的置位是程序执行的结果
131	forced status	强制的状态	被强制复位或强制置位的一个位的状态
132	frame checksum	帧校验	在一个规定的计算范围内所有数据异或的结果,帧校验是对传送的数据在发送和接收时都进行计算,以判定数据传输的正确性
133	FTP	文件传送规约	在文件单元中向内存或从内存卡传送数据
134	function code	功能代码	分配给梯形图指令的一个编号,用于指令的输入和执行
135	gateway	网桥	连接两个网络的接口,即一台计算机同属于两个网络时的接口
136	GPC	图形编程器	Graphic Programming Console 的缩写
137	guidance display	导引显示	出现在屏幕上的用于指导操作人员的信息
138	hand shaking	握手	在两器件之间交换基本信号来协调通信的过程
139	hardware error	硬件错误	源于计算机硬件结构(电子元件)的一个故障,而源于软件(即程序)的故障称为软件故障

序号	英文名	中文名	备注
140	hexadecimal	十六进制	以 16 为基数的数字系统,在计算机中所有数据以二进制形式存储,但为了在编程器上显示和输入时方便,经常将数据表示为十六进制,即每四位二进制数组成一组,在数值上与一个十六进制数等效
141	hold bit	保持位	在内存中的一个位,用于在改变计算机运行方式或电源断开然后再接通时,保持信息的状态
142	hold rack	保持框架	在改变计算机运行方式或电源断开或电源断开再接通时,用于保持输出位状态的一个框架
143	hold area	保持区	在内存中的一些字,用于在改变计算机运行方式或电源由断开再接通时,保持信息的状态
144	host computer	上位机	在 Host Link 系统或其他网络中,用于向计算机传送或接收计算机数据的一台计算机,上位机用作数据管理和总系统控制,一般是小型个人计算机或事务处理计算机
145	host interface	上位机接口	能与上位机通信的接口
146	host link system	上位机连接系统	一台或多台上位机通过 Host Link 单元或上位机接口与一或多台计算机连接,使上位机能与计算机交换数据。上位机连接系统能对计算机系统进行集中管理和控制
147	host link unit	上位机连接单元	在上位机连接系统中用于连接一台 C 系列计算机的接口
148	host numder	上位机编号	IP 地址中的一个部分,用于区分在一个以太网中不同的节点
149	I/O allocation	I/O 分配	计算机在内存中指定一定的位,承担各种功能的过程,这包括位单元上的 I/O 点配对的 I/O 位
150	I/O bit	I/O 位	内存中用于保存 I/O 状态的一个位,输入位反映输入端的状态,输出位保持输出端的状态
151	I/O block	I/O 块	可以是输入块也可以是输出块,I/O 块为可更换继电器提供安装位置
152	I/O capacity	I/O 容量	计算机能够处理的输入和输出点数,它的范围从 100 点的小型计算机至 2 000 点的大型计算机
153	I/O comment	I/O 注释	程序中的一个注释,它与操作数的使用相关
154	I/O control unit	I/O 控制单元	装在计算机的机架中,监视和控制扩展 CPU 机架或扩展 I/O 机架中的 I/O 点的单元
155	I/O delay	I/O 延时	从信号送到一个输出到输出状态受到实际影响之间的延时,或一个输入状态的变化到接收到的状态指示出这个变化之间的延时
156	I/O device	I/O 器件	在 I/O 单元、专用 I/O 单元上,与 I/O 端子连接的器件,如果它的功能是帮助控制其他器件,它就是控制系统的一部分,或是被控制系统的一部分
157	I/O interface unit	I/O 接口单元	装在一个扩展 CPU 机架或扩展 I/O 机架上,将这个机架与 CPU 机架连接的单元
158	I/O interrupt	I/O 中断	由 I/O 信号引发的一个中断
159	I/O link	I/O 连接	在一个光传输远程 I/O 系统中的连接,能使计算机之间有一或两个 IR 字的输入或输出直接连接,这些字是在主控计算机与通过一个 I/O 连接单元或 I/O 连接机架连接远程 I/O 系统的计算机之间的 I/O
160	I/O link unit	I/O 连接单元	在某些计算机中使用的连接,其能在一个光传输远程 I/O 系统中形成 I/O 连接的单元

序号	英文名	中文名	备注
161	I/O point	I/O 点	输入信号接入计算机系统或从计算机系统中引出输出信号的地方。从物理角度讲,I/O 点是对应于单元的接线端的引脚;从编程角度讲,I/O 点对应 IR 区中某一个位
162	I/O refreshing	I/O 刷新	将新的输出状态送到外部器件,使它与保存在内存中输出位的状态一致,以及更新内存中的输入位,使它与输入端的外部器件的状态一致的过程
163	I/O response time	I/O 响应时间	从接收外部器件的输入信号到将响应这个输入信号的输出信号送出所需的时间
164	I/O table	I/O 表	在计算机内存中生成一个表,它记录了计算机系统中每一个单元所分配的 I/O 字,I/O 表可由编程器建立,也可由编程器修改
165	I/O terminal	I/O 终端	连接在有线远程 I/O 系统中的一个远程 I/O 单元,在每一个位置只提供少量的 I/O 点,有几种类型的 I/O 终端
166	I/O unit	I/O 单元	安装在基板上的最普通的单元,I/O 单元包括输入单元和输出单元,每个单元都有技术指标范围,它不包括专用 I/O 单元、连接单元等
167	I/O verification	I/O 检验	检验单元 I/O 表上的记录与在计算机中的实际位置不一致所造成的出错
168	I/O word	I/O 字	分配给计算机系统中一个单位的,在 CIO 区的一个字,它用于保持此单元 I/O 的状态
169	IBM PC/AT or compatible	IBM PC/AT 或兼容	结构相似,逻辑上兼容,能运行为 IBM PC/AT 计算机设计的软件的计算机
170	immediate refreshing	立即刷新	一种 I/O 刷新方式,在执行某些指令时,为了保证某一操作使用最新的输入状态,或使运算结果的输出立即起作用而实施的指令
171	increment	递增	数值递增 1
172	index register	变址寄存器	在间接寻址时,使用的一个数据存储位置,可带数据存储器或不带
173	indirect address	间接地址	指示另一个地址的地址,间接地址指示的地址是实际的地址
174	initialization error	初始化出错	在计算机系统启动(即初始化)时所出现的硬件或软件方面的错误
175	initialize	初始化	启动过程的一部分,这时生成某些内存分区,检查系统设置和缺省值的设置
176	input	输入	从外部器件进入计算机的信号,理论上常指进入的信号
177	input bit	输入位	在 CIO 区中的一个位,用于保持一个输入状态
178	input block	输入块	用于与一远程接口组合生成一个 I/O 终端的一个单元,一个输入块提供一些可更换继电器的安装位置,每个继电器可按输入要求挑选
179	input device	输入器件	将信号送入计算机系统的一个外部器件
180	input point	输入点	某个输入信号进入计算机系统的地方,输入点物理上对应于一个连接端子或一个接插件的针脚
181	input signal	输入信号	进入计算机的一个连接状态的变化,例如在一个连接点上电压由低到高或者由断开到接通,此时说明该输入信号存在
182	input terminal	输入终端	提供输入点的 I/O 终端
183	insert	插入	将保存在外围器件中的一个程序段存入计算机内存的过程,存入位置在已存入的最后一个程序段之前

序号	英文名	中文名	备注
184	instruction	指令	在程序中给出的方向,告诉计算机所要执行动作和执行动作所需要使用的数据。指令可以是简单的将一位转为 ON 或 OFF,或完成复杂得多的动作,如转换和／或传输一个大的数据块
185	instruction block	指令块	在梯形图程序中一组相互间有逻辑关系的指令,一个逻辑块包括从连接到左侧总线的一行或多行指令到连接到右侧总线的一行或多行指令间,互相连接的所有指令行
186	instruction execution time	指令执行时间	执行一条指令所需的时间,任一条指令的执行时间随执行条件和所用的操作数的不同而变化
187	instruction line	指令行	处于梯形图同一水平行的一组条件,指令行可以分支或汇合,而构成指令块,也称为梯级
188	interface	接口	接口是系统或器件之间的边界,通常包括通信数据表示方法的转换,接口器件要完成代码、格式、数据速率的转换
189	interlock	连锁	用于处理作为一组的数条指令的指令组编程方法,在不需要逐个执行时它们可以一起复位,通常当执行条件为 ON 时,执行这个连锁程序段,在条件为 OFF 时复位
190	interdiate code	中间代码	在用户编写的代码和机器码之间的一种程序代码
191	intermediate instruction	中间指令	与对应于条件的指令不同,它处于一个指令行的中间,并且在它和右侧总线之间至少需要一条以上的指令
192	internode test	节点间测试	通过对通信网络中两个节点数据区的设置来执行的一种测试,用以确定通信是否正常
193	interrupt(singnal)	中断	使正常程序停止执行,引发一个子程序的投运或进行其他处理的信号
194	interrupt input unit	中断输入单元	用于将外部中断信号引入计算机系统的一个能安装在机架上的单元
195	interrupt program	中断程序	响应中断后执行的程序
196	inverse condition	反条件	将结果翻转,如将 true 变为 false 或 false 变为 true
197	IOIF	IOIF	I/O 接口单元
198	IOM area	IOM 区	一个内存区的集合,它包括所有能按位存取的内存区,包括定时器和计数器的完成标志,IOM 区包括地址为 0000 到 FFFF 的所有内存区
199	JIS	日本工业标准	Japanese Industrial Standards 的缩写

附件 C　实践指导书

[实践项目目的]

1）进一步掌握三菱工业机器人本体的结构和特点。

2）掌握工业机器人工作原点的设置方法。

3）掌握手动操控模式下,工业机器人的点动运动控制方法。

4）掌握工业机器编程软件的使用。

5）掌握工业机器人的指令应用方法和位置点的示教。

6）掌握工业机器人调试的一般步骤。

7）掌握工业机器人程序优化的方法。

[实践项目要求]

操作者穿绝缘鞋、工服,按规范握持示教器、操作电脑。在操作前,先进行连接检查,确认连接和控制器模式键处于正确状态后,方可上电操作。当操作者在操作电脑和机器人时,其他人要在安全距离外观看,如遇紧急情况须在第一时间按下急停键。

[实践项目任务]

1. 任务一

为工业机器人设置工作原点,采用手动方式控制工业机器人,使其实现如下动作:从工作原点出发,先运动到工作准备点 P_0;然后以 100% 的速度运动到取料点,抓取物料块;再将抓取的物料块以 60% 的速度搬运到放料点;最后以 80% 的速度回到工作准备点。工业机器人与周边设备的分布情况如附图 1 所示。

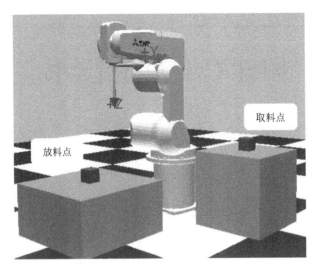

附图1　工业机器人与周边设备分布

2. 任务二

应用工业机器人相关指令，在 RT-TOOLBOX2 软件中进行在线编程，进行位置点的示教，然后进行运行调试，实现如下功能：工业机器人从工作准备点出发，在指定工件上书写汉字"匠"，如附图2所示。

附图2　工业机器人书写的汉字"匠"

3. 任务三

应用工业机器人相关指令，在 RT-TOOLBOX2 软件中进行在线编程，进行位置点的示教，然后进行运行调试，实现如下功能：工业机器人在传送带的 P_1 处抓取工件；在 4×3 的托盘上进行码垛作业。工业机器人码垛作业的任务简图如附图3所示。

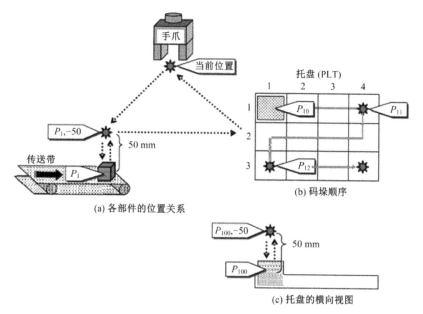

附图 3　工业机器人码垛作业任务简图

[实践项目实施]

1. 实践项目准备
（1）实践项目准备
1）实践课程介绍。
2）三菱工业机器人的系统组成。
3）示教器介绍。
4）RT-TOOLBOX2 软件介绍。
（2）学生准备
让学生按照分组分别落座。
（3）设备检查
检查各设备能否正常通电。
2. 实践项目内容和步骤
（1）打开软件
双击计算机桌面上的 RT ToolBox2 软件图标，运行该软件。软件 RT ToolBox2 打开后的开始界面如附图 4 所示。

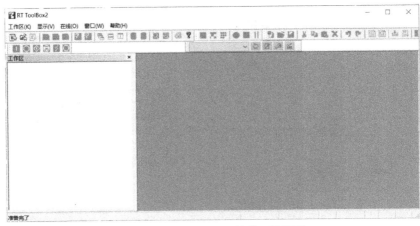

附图4　RT ToolBox2软件开始界面

（2）建立工程

1）在菜单栏中，点击"工作区"→"新建"，弹出"工作区的新建"对话框，如附图5所示。点击"工作区所在处"旁边的"参照（B）..."键，选择工程存储的路径，然后在"工作区名"中输入新建工程的名称，最后点击"OK"完成工作区的新建，软件弹出"工程编辑"对话框，如附图6所示。

附图5　"工作区的新建"对话框

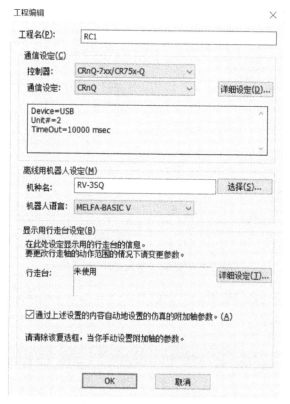

附图 6 "工程编辑"对话框

2）在"工程编辑"对话框中的"工程名"中输入自定义的工程名称。

3）在"通信设定"中,将"控制器"选择为"CRnQ-7xx/CR75x-Q",在"通信设定"选择当前使用的方式（CRnQ）;若使用网络连接,须在"通信设定"选择"TCP/IP"并在"详细设定"中填写控制器的 IP 地址。

4）点击"机种名"旁边的"选择（S）…"键,在菜单中选择"RV-3SQ",然后后点击"OK",保存参数。

5）点击软件主菜单上的"工作区",软件即弹出工作区工程树;在工程树中依次点击"RC1"→"离线",然后用右键点击"程序";在出现的菜单中点击"新建",弹出"新机器人程序"对话框,如附图 7 所示;在"机器人程序"中输入程序名,然后点击"OK"键,完成程序文件的建立。

附图 7 "新建机器人程序"对话框

6）建立程序文件后，弹出程序编辑界面，其中上半部分是程序编辑区，下半部分是位置点编辑区，如附图 8 所示。

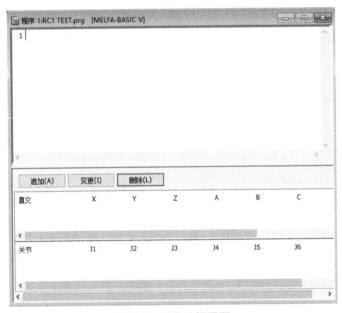

附图 8 程序编辑界面

7）指令输入完成后，在位置点编辑区点击"追加（A）"键，增加新位置点。在附图 9 所示的"位置数据的编辑"对话框中，在"变量名"中输入与程序中相对应的名字，之后选择"类型"，默认为"直交型"。如此时无法确定各坐标的具体数值，可点击"OK"键，先完成变量的添加，再用示教的方式进行编辑。

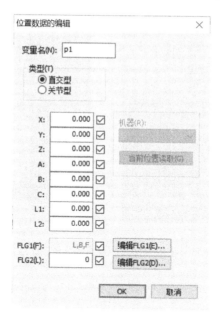

附图 9   "位置数据的编辑"对话框

8）点击软件主页面工具栏中的"保存"图标，对程序进行保存，再点击"模拟"图标，进入仿真模拟环境，如附图 10 所示。

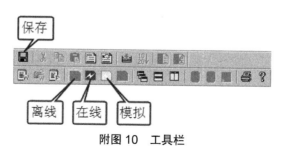

附图 10   工具栏

9）在工作区工程树的"在线"中增加一块模拟操作面板，如附图 11 所示。选择"在线"，然后用右键点击"程序"，选中"程序的复制"（或"程序管理"），弹出"程序的复制"对话框，如附图 12 所示；在对话框中的"传送源"中选择"工程"并选中相应的工程，在"传送目标"中选择"机器人"，点击下方的"复制（Y）"键，将工程内的"TEST.prg"工程文件复制到模拟机器人中。此外，点击"移动（V）"，则将传送源中的程序剪切到传送目标中；点击"删除（D）"，则将传送源或传送目标内选中的程序删除；点击"名字的变更（N）"，则可以改变选中程序的名字。最后，点击"关闭（C）"结束操作。

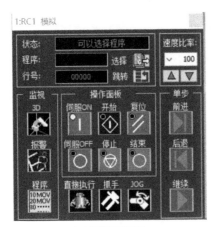
（a）模拟操作面板

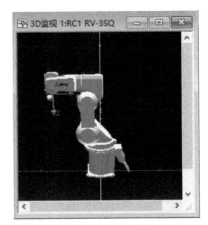
（b）机器人的 3D 监视图

附图 11　模拟操作面板及机器人的 3D 监视图

附图 12　"程序的复制"对话框

10）在工作区工程树中,选择工程"RC1"→"在线"→"程序"→"TEST",打开程序;在工作区工程树中,选择工程"RC1"→"在线"→"RV-3SQ",打开模拟操作面板和机器人的 3D 监视图。在模拟操作面板上点击"JOG"键,将操作模式选择为"直交"。在程序编辑界面的位置点编辑区选中"P0",再点击"变更",如附图 13 所示;然后在"位置数据的编辑"中点击"当前位置读取",将此位置定义为 P_0 点。点击模拟操作面板上,各轴右侧的"−""+"键对位置进行调整,完成后,将位置定义为 P_1 点,然后进行保存。

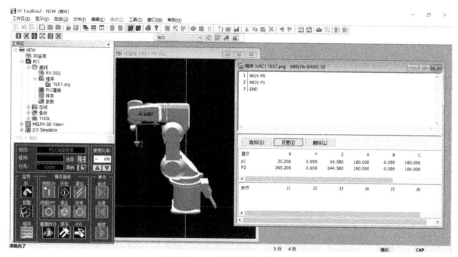

附图 13 程序的调试界面

11）在工作区工程树中，依次选择"RC1"→"在线"→"程序"→"TEST"，点击右键，选择"调试状态下的打开"。在"速度比率"框中，用上、下调整键调节机器人的运行速度，实时的速度比率会在中间的显示框内显示。点击"单步"框内的"前进"键，使程序单步执行，点击"继续"键则程序连续运行，同时程序编辑界面中有黄色三角箭头指示当前执行步的位置，如附图 14 所示

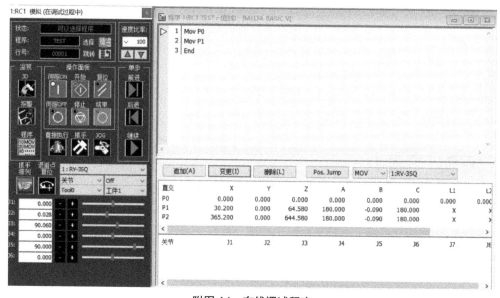

附图 14 在线调试程序

12）当程序在运行中出现错误时，会在右侧的显示框内闪现"警告报警号 XXXX"，同时机器人伺服关闭。点击"报警确认"弹出报警信号说明，点击"复位"内的"报警"键可以清除报警。根据报警信息修改程序相关部分，点击"伺服 ON/OFF"键后重新执行程序。

13）对需要调试的程序段，可以在"跳转"内直接输入程序段号并点击图标，直接跳转到

指定的程序段内运行。

14）在调试时，如要使用非程序内指令段可点击"直接执行"，在"指令"中输入新的指令段后点击"执行"，弹出"直接执行"对话框。以此程序为例，如附图15所示，在"1: RC1直接执行"对话框中的"指令（M）"中，先输入"MOV P0"，点击"执行"；再输入"MVS P1"，点击"执行"，观察机器人运行的动作轨迹。为了比较"MOV"和"MVS"指令的区别，重新执行"MOV P0"和"MOV P1"，观察机器人运行的动作轨迹与执行"MVS P1"指令时不同之处。在"历史"栏中，软件会保存输入过指令，可直接双击其中一条执行。按"清除"键，可将记录的历史指令进行清除。

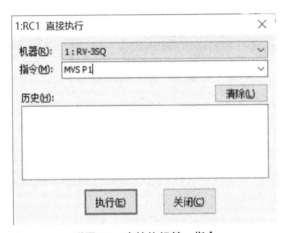

附图15　直接执行某一指令

15）仿真运行完成后，点击在线程序界面上的"关闭"键并保存工程。然后将修改过的程序通过"程序的复制"复制并覆盖到原工程中。

16）点击软件工具栏上的"在线"图标，连接到机器人控制器。之后的操作与模拟操作时相同，即先将工程文件复制到机器人控制器中，再调试程序。

[实践项目结果]

1）完成工作环境的创建。

2）完成通信的创建，程序的编写与下载。

3）完成程序指令应用及编程步骤。

4）完成位置点的示教和点位信息记录的指令应用方法。

5）完成编程并下载调试完成规定动作与任务，包括点位的规划与优化、程序的编辑与优化、程序的综合调试等。

6）完成实践报告1至3（附表1至附表3）。

附表 1 实践报告 1

院系		班级		姓名		学号	
日期		地点		教师		成绩	
课程名称							
实验项目名称			工业机器人的手动操控				
实验目的	1)进一步掌握三菱工业机器人本体的结构和特点; 2)掌握工业机器人工作原点的设置方法; 3)掌握手动操控模式下,工业机器人的点动运动控制方法						
实验内容	1)使用示教器,为工业机器人设置工作原点; 2)使用示教器,以手动方式使机器人动作,使机器人分别在直交、圆柱、三轴直交、关节等坐标系下运动,总结各坐标系中每个参数的作用和特点						
实验使用的主要设备或仪器	工业机器人教学平台						
实验过程	1)实践所使用的工业机器人的型号 _____ ,所使用的驱动单元的型号 _____ 。该机器人的自由度数量为 _____ 个,属于 _____ 型机器人(按坐标系分)。 2)写出下图所示的示教器上,箭头指示的显示 / 按键的功能。  						

	显示／按键	功能说明
实验过程	1）	
	2）	
	3）	
	4）	
	5）	
	6）	
	7）	
	8）	
	9）	
	10）	
	11）	
	12）	
实验结果	1）三菱工业机器人的工作原点设置方法有哪几种？在本次实践中你使用了哪种方式？ 2）使用示教器，采用手动方式使机器人动作，它的操作模式有哪几种？请写出具体名称，并对比总结各模式（坐标系）中每个参数的作用和特点。	

附表 2　实践报告 2

班级		姓名		学号	
地点		日期		成绩	
课程名称					
实验项目名称		工业机器人的运动指令应用			

实验目的	1）进一步掌握运动控制指令的种类及适用情境； 2）掌握跳转指令的使用方法及注意事项； 3）掌握机器人编程调试的基本步骤,能灵活运用基本指令完成机器人的调试控制
实验内容	应用工业机器人相关指令,在 RT-TOOLBOX2 软件中进行在线编程,进行位置点的示教,最后进行运行调试,实现如下功能:工业机器人从工作准备点出发,在指定工件上书写汉字"匠"。 匠
实验使用的主要设备或仪器	 6 自由度工业机器人系统及 RT-TOOLBOX2 软件

实验 过程	(1)点位图及轨迹规划 (2)障碍预判及解决思路。 (3)编程时使用的关键指令及典型语法 (4)将编辑好的程序下载到 PLC,按照任务书进行程序测试调试
实验 结果	写出用来实现工业机器人动作控制的程序及调试过程

附表 3 实践报告 3

班级			姓名		学号	
地点			日期		成绩	

课程名称	

实验项目名称	工业机器人综合实训

实验目的	1)进一步掌握程序控制指令的使用方法,如 FOR NEXT, WHILE WEND 等; 2)掌握机器人程序调试的方法和技能; 3)能综合运用示教器、仿真软件等完成机器人的编程、调试、测试
实验内容	编程调试,使机器人实现如下功能:工业机器人从工作准备点出发,逐一抓取供料台上的物料块,并按指定顺序放置到 4×3 的托盘上。完成 12 个物料块的码垛工作后,回到工作准备点,结束运行,等待下一次工作的开始。实验内容包括: 1)完成工作环境的创建; 2)完成通信的创建、程序的编写与下载; 3)完成程序指令应用及编程; 4)完成位置点的示教和点位信息记录的指令应用方法; 5)完成编程并下载调试完成规定动作与任务,包括点位的规划与优化、程序的编辑与优化、程序的综合调试等
实验使用的主要设备或仪器	 工业机器人实训系统

实验过程	（1）点位图及轨迹规划
	（2）障碍预判及解决思路
	（3）编程时使用的关键指令及典型语法
	（4）将编辑好的程序下载到 PLC,按照任务书进行程序测试调试
实验结果	用来实现工业机器人动作控制的程序及调试过程。

参考文献

[1] 黄筱调, 赵松年. 机电一体化技术基础及应用 [M]. 北京: 机械工业出版社, 1998.

[2] 郑堤, 唐可洪. 机电一体化设计基础 [M]. 北京: 机械工业出版社, 1997.

[3] 赵松年, 张奇鹏. 机电一体化机械系统设计 [M]. 北京: 机械工业出版社, 1996.

[4] 张君安. 机电一体化系统设计 [M]. 北京: 兵器工业出版社, 1997.

[5] 芮延年. 机电一体化系统综合设计及应用实例 [M]. 北京: 中国电力出版社, 2011.

[6] 程德福, 王君. 传感器原理及应用 [M]. 北京: 机械工业出版社, 2016.

[7] 郭彤颖, 张辉. 机器人传感器及其信息融合技术 [M]. 北京: 化学工业出版社, 2017.

[8] 杨帮文. 控制电机技术与选用手册 [M]. 北京: 中国电力出版社, 2010.

[9] 计时鸣. 机电一体化控制技术与系统 [M]. 西安: 西安电子科技大学出版社, 2009.

[10] 陈炳和. 计算机控制系统基础 [M]. 北京: 北京航空航天大学出版社, 2001.

[11] 吴守箴. 电气传动的脉宽调制控制技术 [M]. 北京: 机械工业出版社, 2003.

[12] 张崇巍, 李汉强. 运动控制系统 [M]. 武汉: 武汉理工大学出版社, 2001.

[13] 李铁才, 杜坤梅. 电机控制技术 [M]. 哈尔滨: 哈尔滨工业大学出版社, 2000.

[14] 王田苗, 丑武胜. 机电控制基础理论及应用 [M]. 北京: 清华大学出版社, 2003.

[15] 殷洪义. 可编程控制器选择、设计与维护 [M]. 北京: 机械工业出版社, 2003.

[16] 张建民, 唐水源, 冯淑华. 机电一体化系统设计 [M]. 北京: 高等教育出版社, 2001.

[17] 张建民, 王涛, 王忠礼. 智能控制原理及应用 [M]. 北京: 冶金工业出版社, 2003.

[18] 王耀南. 机器人智能控制工程 [M]. 北京: 科学出版社, 2004.

[19] 郭彤颖, 安冬. 机器人学及其智能控制 [M]. 北京: 清华大学出版社, 2014.

[20] 肖南峰. 工业机器人 [M]. 北京: 机械工业出版社, 2011.

[21] 鲁远栋. PLC 机电控制系统应用设计技术 [M]. 2 版. 北京: 电子工业出版社, 2010.